自律上瘾，才是人间清醒.

梁爽

梁爽 著

当你自律自控，
才能又飒又爽

天地出版社 | TIANDI PRESS

图书在版编目（CIP）数据

当你自律自控，才能又飒又爽 / 梁爽著. —成都：
天地出版社，2021.3
ISBN 978-7-5455-6275-0

Ⅰ.①当… Ⅱ.①梁… Ⅲ.①心理学—通俗读物
Ⅳ.①B84-49

中国版本图书馆CIP数据核字（2021）第021696号

DANG NI ZILÜ ZIKONG，CAINENG YOU SA YOU SHUANG

当你自律自控，才能又飒又爽

出 品 人	杨　政
作　　者	梁　爽
责任编辑	孟令爽
封面设计	今亮后声
内文排版	麦莫瑞文化
责任印制	王学锋

出版发行	天地出版社
	（成都市槐树街2号　邮政编码：610014）
	（北京市方庄芳群园3区3号　邮政编码：100078）
网　　址	http://www.tiandiph.com
电子邮箱	tianditg@163.com
经　　销	新华文轩出版传媒股份有限公司

印　　刷	天津科创新彩印刷有限公司
版　　次	2021年3月第1版
印　　次	2021年3月第1次印刷
开　　本	880mm×1230mm　1/32
印　　张	9.5
字　　数	227千字
定　　价	49.00元
书　　号	ISBN 978-7-5455-6275-0

爱自己永远是正在进行时，正如加缪所说：
"对未来的真正慷慨，就是把一切都献给现在。"

谢谢你翻开我的第三本书：《当你自律自控，才能又飒又爽》。

我和葛主编很早就把"又飒又爽"定为书名的中心词，其实我暗含私心。我给女儿取的名字里就有一个"飒"字，而我的名字里又有一个"爽"字，"又飒又爽"，是我和女儿名字的结合，是我为之修炼的目标境界，更是希望自己、女儿以及读者能够达成的美好状态。

在我眼里，又飒又爽是一种怎样的状态呢？大概就是心无挂碍，活在当下；不念过去，不畏将来；敢爱敢恨，敢作敢当；积极改变，无怨无悔。没有那么多的小心思和内心戏，没有那么多"如果当初做了什么就好了"和"如果将来发生什么该怎么办"。

但说实话，想要成为一个又飒又爽的人并不容易。在我写作的这几年里，广大读者对我十分信任，同我分享了很多烦恼。

在这些读者中，有的人管不住自己的行为，学习总是三分钟热度，做事情也总是"今日复明日"，早上做好一整天的计划，结果却用一整天的时间偷懒；有的人管不住自己的情绪，遇事总是想太多，玻璃心，很在意别人的闲言碎语，喜欢上演内心戏，对负面、消极的小情绪习惯性上瘾，最终活成既不飒又不爽的人。

如果你问我破解之道，我的回答是：自律、自控。当你对自己的行为做到自律时，你会根据自己的能力确定好发展的方向，制订短、中、长期目标，然后细化成具体的小目标，并分摊到每一天。普通的改变，会让你变得不再普通。一个对自己言而有信、说到做到的人，迟早会签收来自自律的馈赠，技能渐强，羽翼渐丰，继安全感到访后，幸福感也会来敲门，这样的生活才够"爽"。

当你对自己的情绪做到自控时，你会做好自己的事，少管别人的事，不管老天的事；做到坏情绪的"批量删除"，不放任它们在脑海里横冲直撞，不会在真正的困难阻击自己之前，就被高敏感、玻璃心、想太多吓得落荒而逃；懂得如何与别人相处，更懂得如何与自己相处；不咄咄逼人，更不咄咄逼己，把好心情当成每天的待办事项，这样的人生才够"飒"。

对自己行为的自律，会让你活得越来越爽；对自己情绪的自控，会让你活得越来越飒。

我之所以经常谈到行为自律，是因为我以前很不自律。

学习方面，平时瞎糊弄，临时抱佛脚，所以我没有考上理想的学校；身体方面，小学练习打篮球，中学停练后，运动量大不如前，却还保持着巨大的食量，于是身材迅速往横向发展，再加上无辣不欢，"口无遮拦"，导致经常生病往医院跑。

以前的我，误以为学习瞎糊弄，平时也不运动，想吃什么就吃什么才是爽，但结果是学习成绩不好，身体状况差，一切恰恰是爽的反面。

后来的我，自读大学时开始早起，每天5点多起床，坚持了14年；业余时间写公众号文章，坚持了6年；读大学时坚持夜跑3年，现在换成其他运动方式继续坚持；工作以后开始坚持做清单，看书坚持做读书笔记，去年开始写感恩日记…… 行动上一点一滴的自律，构筑了我人生的爽感。

这种爽，是我平时以清淡饮食打底，偶尔吃点重口味的食物也不会有负罪感的爽；这种爽，是我经常锻炼，运动之后汗水淋漓、毛孔舒张的爽；这种爽，是我读了很多书，和很多有趣或伟大的灵魂交谈过后，觉得天地辽阔、生命缤纷的爽。

总之，这种爽感是由对情绪的掌控、行为自律，以及面对无常时的信心加持而成。

我之所以经常谈到情绪自控，是因为我以前十分情绪化。

小时候的我翻脸比翻书还快，长大后即便喜怒不形于色，心里也会暗流涌动，猜想别人会如何看我，对别人的评价异常重视；想做一件事，总是考虑太多，畏首畏尾，把事情预想得很糟糕，把人心想得很阴暗。

我不喜欢自己陷入纠结，就像梁文道所说："人最痛苦，好像都在为已失去和未得到纠结。"我也不喜欢自己想太多，像马克·吐温所说："我一生总在无止境地忧虑，其实很多担忧从未真正发生过。"

　　我不喜欢自己太敏感，为了猜测别人对自己的看法，耽误一整天的好心情；我也不喜欢常常自怜，看别人有多幸运，想自己有多倒霉，因为自怜容易上瘾。

　　想法多而无绪，说话逻辑混乱，做事磨磨叽叽，这些"恶意软件"拖慢了我大脑的运行速度，于是我决定改变：罗列那些不开心的原因，分出主次，和自己理性对谈；尝试可行的解决方案，争取卸下部分负面情绪，让自己轻装上阵。

　　我们不用把事情想得太复杂，先做再说；也不用把人心想得太阴暗，毕竟世界上还是好人多。

　　情绪虽然难以控制，但快被坏情绪淹没时，及时喊暂停也好，转移注意力也罢，你在有意识地进行情绪调控以后，一身轻松。

　　这些年，通过行为上的自律，我的日子过得越来越爽。而情绪自控也是我近几年来关心和实践的重点，虽然现在还做不到收放自如，但进一步有一步的欢喜。

　　2020年6月，女儿出生后，我提议把"飒"字放在她的名字里。我觉得十几年前的自己经常被情绪问题所困扰，不够自信，想得太多，畏畏缩缩，总被自己所伤，所以我希望我的女儿能心无挂碍、落落大方，活得洒脱，有英姿飒爽的气概。

很多人的问题可能是，想得太多，却做得太少；看的书太少，却对别人的期待又太多。大家不如换一种打开方式，在生活方式上自律一点，在情绪问题上自控一点。

这就是我在第三本书《当你自律自控，才能又飒又爽》中要与你分享的事。

第一章　千万别小看一个
又忙又美的女人

好女人赚钱不矫情，花钱不磨叽　/ 003

你这么漂亮，千万不要输在体态上　/ 009

变漂亮了的开心，是藏不住的　/ 014

女人应该把心放在变美、变好上　/ 020

时间管理是件顺其自然的小事　/ 026

什么样的女人活得又飒又爽　/ 033

在负重前行的日子里，修炼一张岁月静好的脸　/ 038

有多少女人还在肤浅地爱着自己　/ 044

真正见过世面的姑娘，都是狠角色　/ 050

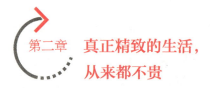

第二章　**真正精致的生活，
从来都不贵**

学会从生活的情趣中得到滋养　/ 059

成年人的自我重启方式　/ 064

除了好看的皮囊，也追求有趣的灵魂　/ 071

真正自律的人，更懂得如何休息　/ 077

年轻人的矛盾，从人际关系变为"人机关系"　/ 083

生活的硬伤，是你从不把干净当回事　/ 090

社交降级是最好的"断舍离"　/ 096

每周读两本书的人生，开挂又开心　/ 102

第三章　对自律上瘾后，
　　　　人生就像开了挂

你以为自律很苦，别人却乐在其中　/ 111

如何设计一款自律产品，让它像游戏般让人上瘾　/ 117

用"微自律"化解泛焦虑　/ 122

为什么道理都懂，做事却总是三分钟热度　/ 128

为什么自律一段时间就会被打回原形　/ 133

伪自律正在麻痹你的人生　/ 139

早上五点起床，坚持十四年，会怎样　/ 145

职场女性的日常精致饮食　/ 151

健身是唯一能媲美"多喝热水"的万能药　/ 157

第四章　调理好情绪，
远离玻璃心

为什么你总是不开心 ／ 165

连续 50 天被夸奖的女孩子，容貌变美了 ／ 170

恰当的表情管理术，能为颜值和气质加分 ／ 177

失意时也要记得对自己的身体负责 ／ 183

不要把时间浪费在不必要的人和事上 ／ 188

从玻璃心到内心强大 ／ 193

很多痛苦都源于你自找不痛快 ／ 199

听得进批评的人，成长速度更快 ／ 204

第五章　不要在该动脑子的
时候动感情

简洁好用的情感经验，早用早知道　/ 213

好的伴侣，能让你变得没脾气　/ 219

女人如何平衡妻性和母性　/ 225

融洽的婆媳关系不会自动降临　/ 230

为何婚前一定要尽早见男方的父母　/ 236

既然你是豆腐心，何必动那刀子嘴　/ 241

第六章　**最怕你碌碌无为，**
　　　　还总热衷宏大叙事

越沉迷于"宏大叙事"的人，越成不了事　／ 247

你那么平庸，是因为泛见识太多　／ 253

你的"面子观"会废掉你　／ 259

要不要辞职考研、读博　／ 265

职场焦虑不是你辞职就能解决的　／ 272

活成升级版的自己，你还差"微精通"　／ 277

把事情做到极致，是升职加薪的最好方式　／ 283

后记　／ 287

第一章 千万别小看一个又忙又美的女人

变美是一个长期工程，不能一蹴而就，需要长时间保持良好的饮食、作息、运动和情绪等生活习惯，需要摸索真正适合自己气质的穿搭、装饰，而每个环节都包含着许多知识点、方法论、执行力和纠偏力。

好女人赚钱不矫情，花钱不磨叽

01

我和一位知名图书策划人聊天时，问了她一个问题：如何度过工作中最辛苦、最迷茫、最疲劳的阶段？

她的回答很酷，说，印象中好像没有特别辛苦、迷茫、疲劳的阶段。她解释说，自己会尽量避免陷入自我怜悯、自我感动的想法中，所以，一般不会想"我有多辛苦""我有多努力"，因为这样容易把精力从"事"转到"情"上，最后可能会把"事"和"情"都搞砸。

她想得最多的问题是：读者需要什么，而我能给出什么。为此，她做足了准备功课，比如查阅同类型的书籍在电商平台上几万甚至数十万条的留言，并归纳出下一本书的策划要点。当感到身心疲惫时，自己就去睡觉休息；把事情做完后，再从奖金中抽出一定的比例，大大方方地奖励自己。

其实，我能想象这其中海量的工作。但这位图书策划人说话时理性、客观、情绪平稳，用着无关痛痒的语气和措辞，好像是在说不相干的陌生人，而不是一路摸爬滚打的自己。

那次聊天给了我很大的触动，我特别佩服她赚钱时避免自我怜悯、自我感动式的矫情，花钱时避免不舍得、犹犹豫豫的磨叽。

02

我在朋友圈里看见有人发出晚上自己把头倚在公交车玻璃窗上的自拍，或者写下生理期上班嗓子不舒服的文字。我猜想，这样的朋友圈应该是分组可见吧。可该怎么分组呢？

给父母组可见，父母看到自家女儿辛苦成这样，整日披星戴月，带病工作，会不会心疼地让女儿回老家？

给同事组可见，领导嘴上说让你保重身体，心里却在想你的工作绩效；同事看着你拼成这样，觉得你是在邀功。

给朋友组可见，北、深、杭的朋友看了，觉得晚上八九点下班还不错，是再正常不过的日常，不知道该比苦，还是该感到安慰。

我的几个年轻女友跟我聊天，话里话外也总流露出"矫情"。她们爱把"工作忙"挂在嘴边，为她们做证的是朋友圈里各种加班黑眼圈和带病赶进度的图文，而不是扎扎实实的工作绩效和阶段性小成绩。休假出游时，她们会看看工作群里热火朝天的景象，接到工作电话嫌麻烦，没接到又玩得不踏实，失望与心慌并存，感慨工作离开谁都能转，安慰自己"别太把自己当回事"。

我觉得，其实很多人生问题是在赚钱时埋下的，但要等到花钱时才能发现。

有些人平时买个东西恨不得货比三十家，挑挑选选，等店家打折，下单后买来又不满意，再花更多的时间折腾退换货。

有些人旅游住酒店，觉得酒店环境差、房间小，想加钱住得更舒服，但住好酒店又觉得花钱太多，住一般的酒店又感慨自己只配这样的生活，这种纠结让人很郁闷。

据我观察，赚钱时矫情的人和花钱时磨叽的人，很可能是同一种人；工作时喊累的人和生活里哭穷的人，很可能也是同一种人。

而那些活得很舒心的人，无非是做到了赚钱时拼命、花钱时尽兴。

03

我刚工作时，也掉进过"赚钱矫情，花钱磨叽"的恶性循环。

有一次我去广州见两个高中同学，吃饭时，我自顾自地说起工作多忙、多累，同部门的两位同事休产假，我工作时以一抵三；集团开发新系统，完成基本工作之余，我还分身乏术地负责测试……

我的那两个高中同学笑而不语。那一刻我才醒悟，他俩从事金融领域的工作，工作强度比我大得多。但他们身边的人都是这个工作强度，所以他们与其抱怨，耗费心力，影响心情，不如吃顿好的，再好好睡一觉。

那一刻，我意识到自己太矫情了。我渐渐发现，工作中的矫情不仅无用，还容易让人感到劳累和软弱。工作中，我们应该少点矫情，多做有建设性的事。回到公司后，我把工作进行量化，说服领导增派人手，最后领导让总部的程序员出差来协助我渡过难关。

矫情是种自我欺骗，会放大自己的辛苦和努力，会降低自己对工作的热情，进而对工作的回报产生不满。

很多时候，一个人越矫情，越做不好工作。

我以前喜欢的一个网红，有段时间她天天说自己做产品有多遭罪，经常挑灯夜战，三餐混乱。我心疼她，买了她卖的衣服。结果，试穿了一次后就没有再穿，因为布料不够好，做工也不好，到处都是线头，再看销售信息，销量和评价也都不是很好。于是，我很想隔空给那位网红带句话：长期发展不能靠矫情，要先把事情做好。

而且矫情还需要另外花钱找补，就像主持人马东说的，心情好的时候，手上能剩多少钱才是你真正的薪水。

如果你总觉得客户难缠，事情繁杂，心情不好，必须要找人喝点酒、唱首歌才能消解负面情绪，那你实际的薪水比你拿到的会低很多，因为还得扣除你喝酒、唱歌的开销。

矫情久了，不仅别人会反感，就连自己都会不待见自己。你想过怎样的生活，就得付出相应等级的努力。

其实，纵向比较之后，明明只是一件小事，并不辛苦，你非要做出一副受尽委屈、吃尽苦头的样子，等着别人来安慰、同情。要知道大家都很辛苦，也都很忙。工作的常态就是不停地解决麻烦，如果身体实在吃不消，那就换一份工作。人越成熟，越要学会过一种"没有旁观者"的生活。

04

一个视频采访提到，"90后"逐渐成为社会消费主力军，社会上常对年轻人有不节俭、乱花钱的刻板印象，但一个"95后"男孩表示，能多赚钱，就不算乱花钱。

不用拿名贵的物品来证明自己，也不用纠结东西贵或不贵，不在意别人如何看待自己的消费，在他眼中，买东西最主要的就是看自己是否喜欢。

其实人们都不喜欢自己花钱磨叽的状态。以我的经验，一个人想跳出"赚钱矫情，花钱磨叽"的恶性循环，突破口就在于赚钱时不矫情。你把矫情的工夫都用在踏踏实实地工作上，比什么都重要。

知乎上有个问题：不矫情的人生是什么样的？

网友YannF说：问题来了就解决问题，问题没来不自寻烦恼；犯错误后就修正，暂时顺利就感恩；不担忧，不恐惧，不躲闪，不抱怨；有事说事，没事不话多。

我身边这样的赚钱高手，总能和工作中的不顺和谐相处。他们明白工作本身就是由很多麻烦事组成的，但他们更加乐观，不会因悲伤而自怜自艾，不会因空虚而惺惺作态，并且善于从苦累中挖掘、放大喜乐感和成就感。

在我看来，我们应该赚钱时拿出自我怜惜和自我感动的时间全力以赴，或者养精蓄锐；花钱时拿出耗时比价的精力，买后无悔，乐在其中。

朋友们，把自己的神经调粗吧，在人生变得艰难以前，先让自己变得更强。

你这么漂亮，千万不要输在体态上

01

市中心新开了一家商场，我和朋友约着去逛，路过一家儿童形体和艺能培训机构。我顺着门口望进去：里面有一面大镜子，一群小朋友依次排开，立正站好，目光向前，嘴里叼着一根筷子，有几个孩子的膝盖内侧还夹着一本书。老师逐个纠正姿势，有时拍孩子的背，有时压孩子的肩，有时按孩子的下巴。

我不禁感慨，现在连形体和姿势都从孩子抓起了。

朋友顺势回忆起她练舞时的情形。她从小开始学跳舞，学习了十多年舞蹈，练形体时，需要对着镜子立正站好，挺胸收腹，面带微笑，一站就是几个小时。如今，她已多年不跳舞了，但气质依然出挑。我和她走在一起，总会下意识地挺直腰背，注意举止。

我让她教我保持体态的秘诀，她告诉我：挺背、沉肩。她解释说，别小看这四字心经，背向上挺，肩向下沉，身体会感觉到一股向上和向下的力量在相互对抗，等到习惯之后，在这一基础之上的一切动作都会变得好看很多。

02

体态好看，对一个女生来说，到底有多重要呢？

有一次我跟团去泰国旅行，第一眼就注意到团里的一位美女。她身材高挑，仪态大方。在飞机上，我的眼神不自觉地就看向了她，因为在现实生活中，我很少能看到这样站有站相、坐有坐相、走有走相、吃有吃相的人。

她吃飞机餐时腰挺得很直，两肩舒展。这一幕甚至让我产生了她吃的究竟是飞机餐还是晚宴的疑问。旅行时，我拿着手机四处拍照，有几张照片中，她无意中作为背景入镜。体态好的人无论在哪里都能吸引眼球，哪怕她只是在照片中作为背景出现，也能让我情不自禁地放大照片细细欣赏。

在我的婚宴举办之前，我妈为自己定制了一身红色旗袍。老裁缝边量尺寸边向我妈确认她平时走路、站、坐的姿势。那位老裁缝告诉我妈，按照测量值做出的衣服会稍微偏大一些，因为一般人测量时会刻意抬头挺胸，而平时身体总是会缩着。要想穿出衣服的最佳效果，就需要像测量时那样，保持抬头挺胸，肩背舒展。

一件中低档的衣服穿在一个拥有匀称身材、良好体态的人身上，效果会比一件高档衣服穿在不注重身材和体态的人身上更有美感和高级感，所以，连服装设计大师山本耀司都说："为什么不塑造出好身形，运动出好体态，然后再来穿这些衣服呢？"

我从心里佩服那些体态优美的姑娘，从表面上看，她们让人赏心悦目，对衣服有更强的驾驭能力，但从本质上讲，这是她们精神上生机盎然的挺拔感传递到身体骨架的结果。

03

几年前，一个电视栏目组来我们公司拍节目，节目内容需要有人出镜，而我则被派去当背景。

后来，我一直期待节目播出，还拿手机把节目录了下来，自己红着脸仔细看了好几遍，觉得镜头里自己的形象很别扭，表情也很奇怪，心里感慨：还好上镜时间短。

我体态普通，但镜头会放大我的不足。拍摄前，我拼命暗示自己，体态虽然基本保住了，但表情很不自然。因为保持体态这件稀松平常的事，就占用了我很多注意力，再加上当时我本来就很紧张，还要记着流程和走位，所以整个人显得很做作。

从那以后，我深刻地意识到，只有平时就注意体态，有针对性地矫正错误的体态，才能让良好的体态成为自身的独有气质，建立在这个基础上的言行举止才会更加协调、大方，于是，我把练习体态提上了日程。

04

前年上半年，我去上了体态练习课。

在泰国旅行时结识的那位体态出众的团友——在同她聊天后我得知，她以前做过模特，现在是形体培训师，在她的介绍下，我报名参加了她们机构其他班级的体态培训课。

讲课的老师也是模特出身。每次上课，我都喜欢观察她演示的走台步，步伐迈得果断，停得干脆，潇洒利落，气场超强。

我们每堂体态课的流程是这样的：

1. 贴墙站立：背靠墙面，身体立正，双脚并拢，后脑勺、两肩、臀部、小腿肚子全部贴到墙壁，这样站10分钟，并不轻松。

2. 压腿压肩：在老师的节拍中，我们把一条腿搭在栏杆上，分别正压和侧压，然后双手放在栏杆上，肩背尽量下压，让肩膀最大限度地打开。

3. 基础训练：把走路拆解为上身和下身，上身主要练习提气（把气吸到衬衫第二颗纽扣处）+挺腰+收腹。下身主要练习摆动膝盖，纠正内、外八字。

4. 台步练习：学员们排着队开始正式走台步，老师会在旁边指出各自的问题。

经过半年的练习，在老师的指导下，我发现了自己体态上的很多问题。通过对这些问题的纠正，在有足够注意力的前提下，我的体态明显改善。

下半年，我又去上了瑜伽课。

每次上瑜伽课时，我都会被老师的这句话洗脑："肩膀下沉，让肩膀远离你的耳朵。"后来，这句话成了我站立、行走的画外音。

疫情期间，我们上双向视频课，大窗口显示老师的标准动作，右下角小窗口显示自己的动作。我在做瑜伽动作时，稍一用力，就很容易耸肩、弓背。老师时常提醒我们"手臂回插关节窝"，如果不经老师提醒，我们自己很难注意到。

针对自己的状况，我觉得体态训练的重中之重就是沉肩，只要肩膀往下沉，脖子就会显得修长，锁骨就会像水平线一般优美。若坚持沉肩，长此以往，背部会变薄，脖颈会更修长。

报名学习形体、瑜伽课程时，老师会手把手地教你，并指出你的问题，这会让你的体态修炼事半功倍。当然，你也可以在家看着视频练习。在掌握了正确的姿势后，接下来就是在日常生活中长久坚持。

在我看来，凭着几节课就想扭转自己几十年积累的体态问题根本不现实。良好、优美的体态需要长时间的暗示和注意，靠着这种自律，直到形成肌肉记忆，形成条件反射，让挺拔感贯穿在你的言行举止之中。

改善形体和体态需要做好长期"抗战"的准备。改变从当下开始，早改就是早赚。你那么漂亮，千万别输在体态上。

变漂亮了的开心，是藏不住的

01

女友失恋，我去陪她。

给我开门的她，睡衣松松垮垮，显得很没有精神，嘴唇干白，气色很差。我说她的眼睛已经肿到把双眼皮的褶皱都撑开了。然后，她去卫生间照了照镜子，洗了把脸，出来后问我，看着有没有好一些。我说还是有些红肿，于是顺手把她化妆桌上的面部按摩器递给她。她在眼周涂了一层厚厚的眼霜，然后用按摩器在眼睛周围轻轻按摩，按摩完眼部，她顺便把全脸也按摩了一遍。

我夸她立马变漂亮了，眼睛的红肿也消退了不少，整张脸感觉紧致了许多。她尽力遮掩嘴角的笑意，说着"哪有啊"。我知道她心里在呼唤我"继续夸，不要停"，于是我趁热打铁，催促她赶紧化个淡妆，换个发型，换身衣服。

等她打扮一番后，我更是"添油加醋"地夸她衣服好看，向她要衣服的购买链接，夸她的口红颜色使人显白，询问是什么色号，我俩越聊越开心。

女人变漂亮了的开心，果然是藏不住的。

02

女人变漂亮，本身就是件值得开心的事。

有部日剧叫《人100%靠外表》，剧名虽然浮夸，但故事设定很有意思：三个造纸厂实验室的女研究员，穿着宽大、土气的工装，过着自卑、内向的生活。一个化妆品公司打算把造纸厂研究的纳米碳纤维应用到新型粉底中，于是收购了该实验室。三位女研究员成了化妆品公司的研发人员。

但三位女研究员不修边幅、缺乏自信的样子，让她们无缘公司的核心研发项目，于是她们决定开启改善外表之路。从护肤、护发到妆容、发型，再到穿衣搭配，提出问题，收集信息，对比鉴别，得出结论，再运用到工作和生活中。

她们研究露肩装时，提到了让锁骨变漂亮的锁骨体操：1.用手指轻轻按压锁骨下方10次左右；2.用手指夹住锁骨向外推；3.将手放在肩上，手肘抬高至肩膀高度，前后各旋转10次；4.平时注意体态，特殊场合还要使用锁骨化妆术，即先擦保湿霜，再上散粉，最后打高光，营造出立体感。

她们研究洗发水时，提到了让发质变得更柔顺的洗头方法：1.洗头前要轻轻梳头；2.用洗发水前要冲洗3到5分钟，这样能洗掉头发上的大多数污垢，也让头皮污垢更易于清洗；3.洗发水不能直接抹到头发上，要先在手上搓出泡沫；4.用指腹温柔地按摩，护发素不要接触头皮，要确保洗发水被冲洗干净。

雨天时，白色、黄色等亮色的雨伞能让人容光焕发；拍照时，按快门的瞬间用鼻子吸气会显得鼻梁很挺。

生活当然不是百分之百依靠外表，但不得不承认，越长越漂亮的姑娘都不简单，因为她们需要有良好的审美、对自我的了解，以及对信息的搜集、细致的研究、取舍的智慧、方法的实践和持续的自律……如此这般，循序渐进地内化于心，外化于行，才可能让外表有所改善。这种开心和自信是藏不住的，也是不需要隐藏的。

03

我很喜欢一句话，"肉身不美，我执深重"，长相普通的我，从来没有隐藏想让自己变得漂亮一点的愿望。我对变美的理念和方法有收集癖。为了搜集这方面的资讯，我找来了不少养颜养生、皮肤医美的信息，甚至是素人或名人的变美心经，都会认真研究。我如果看艺人采访，一听到她们谈保养话题，耳朵就竖起来了。

我还会定期看一些有关变美的综艺节目和纪录片。然后，我会把从书籍、杂志、电视或网络上收集到的变美资讯存在笔记本或手机里，没事就翻看、尝试。

在看有医学背景的作家冯唐的书时，我就摘抄下类似的内容："教中医的男老师白糯粉嫩，四十多岁的人看上去像二十多岁的……他反复强调，即使我们什么都记不住，也一定记住足三里——'母鸡穴'，没事儿每天自己按按，等于天天吃一只大母鸡。"在看状态一直都很好的孙俪的微博时，我就收藏了"每次脸上长痘痘，我都会在早上喝点淡盐水，很管用，当然，最重要的还是饮食清淡"。

我在海绵式地吸收资讯后，还要淘金式地筛选，以"有没有科学依据"和"适不适合自己"作为是否进行下一步验证的前提。

现代社会，变美信息纷繁复杂，有的存在商业利益关系，有的适合别人却不适合自己。因此，我们需要多搜集、多思考、多实践，选择适合自己的方法，并持之以恒。

有的人从来没有买过名牌护肤品，也没吃瘦身特效药，更没做医美"大礼包"，却能真正由内而外地变漂亮。

年纪越大，我越不相信用一套名牌护肤品就能让肤质逆袭，喝一款网红减肥茶就能让身材变得更有型。而且，医美有风险，尝试需谨慎。如果你没有健康、自然的审美，没有对自身外貌的充分了解，没有对医美机构资质的鉴别能力，就盲目选择了医美，可能会毁容又毁心。

变美是一个长期的工程，不能一蹴而就，需要长时间保持良好的饮食、作息、运动和情绪等生活习惯，需要摸索出真正适合自己风格、气质、穿搭的装饰，而每个环节都包含着许多知识点、方法论、执行力和纠偏力。

折腾了这么多年，我的体会是：虽然自己的外表并没有发生质的改变，但肤质、发质、身材和气质还是有或多或少的改善，这让我感到欣慰。

04

我曾在微信公众号评论区发起征集信息的活动，收集大家的变美经历。

有人说自己每天坚持用热水泡脚，以前胃病严重，现在好了很多，睡眠质量和免疫力都得到了提升；

有人说自己读研究生后，保持饮食清淡，多吃五谷杂粮，晚上用紫薯代替米饭，坚持了两年，后背多年顽固的痘痘消失了；

有人说自己每天饭后坚持站立半个小时再坐下，一个月瘦了五斤，肚子和臀部尤为明显；

有人说自己坚持一周至少练习三次瑜伽，除了形体上的改善，内心也变得更平静了；

有人说自己每天出门前，拉硅胶拉力器至少五十个，出门旅游也带着拉力器，身材线条变得越来越好；

有人说自己走路有意识地收腹，看到反光玻璃就会观察自己的仪态，发现哪里不好就立刻改正；

有人照着网络上的视频每天练习天鹅臂，肩、颈变得顺眼了不少；

有人学习并坚持使用巴氏刷牙法，牙齿问题减少了许多；

有人坐着的时候长期用腿夹住名片，腿型改善越来越明显；

……

看着大家的留言，我的眼前仿佛浮现出一张张骄傲、自信的脸庞，每一条留言背后都是一部变美奋斗史。那些诸如"每天""坚持""经常"的关键词根本不是件轻松、容易的事，所以大家千万别小看一个越长越漂亮的姑娘。

尽管社会上还是有"美女是花瓶，注重外貌是向男权低头"之类的偏见，但我更愿意相信自己的感受，毕竟通过自律让自己变美，进一步有一步的欢喜。

女人应该把心放在变美、变好上

01

有一天，我和写作搭档庆哥聊天，她说写作思虑过度，白发越来越多。真巧，我也是。

我之前掉头发，掉的还是黑头发，当时还纳闷，白头发为什么长得那么牢固？当看到自己掉白头发时，我又想黑头发是不是掉得差不多了，心情更加低落。

我和庆哥劝慰彼此，珍重头发，减少操心。

后来，我新增了一个日常小流程，就是定期修剪自己看得见、剪得到的白头发，一边剪一边自我暗示：既然有些心不操不行，那就尽量把心思放在让自己变美、变好上。若把心思花在无关紧要的事情上，我就对不起自己变白和掉了的头发。

操心是女人常见的心理活动，我们不是被别人操心着，就是操心着别人。

我不喜欢让人操心，这种感觉会让我觉得自己能力欠佳、智慧不足，需要别人额外调拨注意力给我。

在我没主动开口求助之前，别人若给我太多的意见和建议，就会干扰我的判断。若我听从了对方的说法，而事态发展不如意，我就会心生埋怨；若我没有选择对方的建议，我还得想办法解释，这也会让我徒增压力。

因为不喜欢让人操心，所以我也不愿意多为别人操心，哪怕是出于好意，也担心可能会给别人带来压力。

02

自己主动操心，还把心操碎了的情况，一般分为两种：

第一种，为别人操吃力不讨好的心。

你爱为别人操心，经常是吃力不讨好，基本上别人该怎么做还是会怎么做，很少有人真的会按照你所设想的剧本"发展"。连受过专业训练的医生都只敢说他们"总是在安慰，常常在帮助，偶尔能治愈"，我们又哪来的自信，能帮别人解决人生难题？

一个人越替别人操心，越容易把关系搞差的例子我见过太多。我的一个女友就有这样的经历。同学向她倾诉，说发现男友手机里有暧昧信息，我的这个女友就把自己的想法代入其中，越过边界地劝分不劝合。最后同学和男友和好，弄得她里外不是人。她和同学后来也渐渐疏远。

说句实在话，为别人操心是很累的，当你开始决定操这份心，你就得关注事情的发展动态及各方的利益和诉求。你要掌握背景，了解变化，预测走向，还得运用心理学、沟通、博弈等多种技能，这不亚于在工作中接了一个烫手的项目。

即使你这般掏心掏肺，入戏颇深，用心出力，结果却很容易演变成情商堪忧、管得太宽，对方非但不会领情，还显得你做事很没有分寸。究其原因，是我们站在自己的立场为对方出主意，却不能为此负责，而且那种"别人都'当局者迷'，只有自己是'旁观者清'"的优越感和主导感，很可能会引起对方的反感。

与其主动为别人操心，不如在别人主动找自己帮忙时，先权衡自己是否有这方面的能力，是否能克制住自己的代入感，适当地从旁观者的角度为别人补充每种选择可能出现的利弊，然后把决策权交还给对方。如果朋友不幸受挫，暖心安慰或者帮忙善后，才是为他操心的正确方式。

第二种，为自己操没有建设性的心。

我在怀孕期间常有操心感，每次产检前，都会操心到失眠。

后来我听了北京协和医院马良坤大夫的课，她有句话说到了我心里："孕妇要分清这世界上的事分为三种——自己的事、别人的事和老天的事，比如孩子的性别、有没有缺陷、长不长胎记，这是老天的事，你无法改变，操心也没用；比如老板给你的压力太大、爱人没有给你做饭、坐公交车没人给你让座，那是别人的事，你难以改变；饮食够不够健康、运动达不达标是自己可以做好、管好的事。聪明的孕妇要做到管好自己的事，少管别人的事，别管老天的事。但很多人都想不明白，每天操心老天的事，总去管别人的事，就是不理会自己的事。"

这句话点醒了当时的我，让我明白，我应该把别人的事和老天的事放到一边，郑重地对待自己的事，记录并调整好自己每日的饮食、作息、运动和心情。

我有瞎操心的闲工夫，不如守住好不容易让自己变美的胜利果实，不要因为怀孕让自己又丑回去；多提升自己的业务能力，多琢磨写文章的事，把工作做好，当生活对我露出獠牙时，至少工资卡上的数字还可以帮我缓冲一下紧急状况。

03

我的一个读者群叫"又忙又美行动派"。有一天，一个年轻女孩在群里问大家，男友发了条朋友圈，却屏蔽了她。她知道后质问男友，男友说自己屏蔽错了，本来是想仅她可见的。后来这件事深深地困扰着她。

群里一位结婚十年的读者分享道："怀疑无非是自寻烦恼，头脑简单的我习惯先把自己变好，工作做好，在变瘦、变美、变好的道路上勇往直前。"

在我看来，真正过得好的人，分得清自己真正应该在乎什么事情，并为之操心，为之行动。

把心操在自己更能掌控的事情上，优于把心操在和别人有交集的事情上；把心操在优先级最高的事情上，优于把心操在不重要的小事上；把心操在准备工作上，优于把心操在对结果的耿耿于怀上。

减少对各种小事的操心，会让我们的人际关系变得更轻盈、家庭关系更和谐、婚姻关系更健康，自己的身心状态也会越来越好。

04

现阶段，我宁愿在把自己变美、变好的事情上操心。变美、变好的前提是你必须有精力充沛的躯体，能够充实地工作和生活。

在我眼里，美，意味着身心健康，有品位、有爱心、有精气神；好，意味着自己的职业技能有积累、知识密度有提升、眼界更开阔，让自己更有生产力、创造力，能为别人解决问题，能为社会创造价值。

为此，我特地训练自己的大脑进化出一个筛查准入机制，一件事情在进入大脑前，要先判断这件事情能否让我变美、变好；如果没有半点好处，大脑就可以直接"拒绝进入"。这种机制为我屏蔽了不少烦恼，是人生最精准的断舍离。

当然，每个人在每个人生阶段都有自己的侧重点。如果你觉得变美、变好不是你当下的核心诉求，你完全可以用其他追求进行替换。当你找到让自己觉得幸福且重要的目标，并让它成为自己生活的中心，其他美好也会纷至沓来。

　　总之，下次操心时，你就把自己揪到镜子前扪心自问，是嫌自己脱发不够严重、白发不够多、眼圈不够黑，还是结节不够多，并认真反思自己近期把心都操在了哪些方面。如果你把心操在重要且必要的事情上，那还说得过去；如果你把心操在了老天和别人的事情上，那就请速速纠偏。

　　记住：动不动就为小破事操心，会耽误你变美、变好的大业。

时间管理是件顺其自然的小事

01

纪录片《城市24小时》的深圳篇里，刘蔓是某公司股票业务部的高管，她的上午一般是这样度过的：

6：00 开车出门，边开车边听财经新闻。

7：30 开交易日的例行晨会，和北京、上海、香港的同事进行四地通话，一边听同行的分析，一边飞速地阅读超过10万字的材料，并以此来判断股势走向。虽然浓茶和咖啡能帮她保持清醒，但她必须控制自己的饮水量，因为接下来的4个小时她会忙到没时间去厕所。

9：30 股市准时开盘。刘蔓坐在交易室中央，她的左边是助手和交易员，桌上有5个屏幕、2个键盘、1部手机、1张草稿纸、1台笔记本，还有1部可以同时连接100条线的电话机。为了避免磕碰降低双手的操作速度，她特意把耳机线拧成麻花状。

通过看一个人对待时间的方式，我们就能看出他在追求怎样的生活。

正如劳拉在演讲《如何掌控你的自由时间》里所说，人们总以为把零散的时间节省下来，就可以做很多事。但她的结论是，并不是靠节省时间创造想要的生活，而是先创造自己想要的生活，时间自然就节省下来了。

02

我喜欢并受益于工作之余写作的活法。这些年来，每当觉得时间不够用时，我就会升级时间管理术，比如听提高效率的课，看精力管理的书，把接地气、易操作的方法穿插进我的工作和生活中。

我用自己获得的经验，与大家分享一下我是如何让一天变得有延长感的。

坚持早起

早上5点多起床，我坚持了14年。

我从大一就开始早起学英语，受益匪浅后便一发不可收拾。毕业、工作、结婚后，我渐渐习惯了早起。我喜欢每天早上醒来就能想到要做的事、要看的书，潇洒地掀开被子，像个披甲上阵的女战士。

身、心、脑迅速清醒后，我便进入写作状态。通常我会在前一天就定好选题和开头，第二天早起后就接着往下写。我在早起的时光里头脑欢腾、灵感汹涌，敲击键盘都很有节奏感，写到该出门上班时还意犹未尽。如果写作状态不佳，我就阅读一本书，在静谧、温馨中与作者共赴一场高质量的私人约会。

早起让我远离一切信息熵（不确定的信息），高效从容、有条不紊地去做自己喜欢的事，其效率可观且体验美好。

不是每个人、每个阶段都适合早起。每个人在一天中的精力分配各不相同，你要找到自己精力旺盛的时段，并把它用来做自己喜欢且重要的事。

调整顺序

以前我早起后才开始计划日程、安排待办事项，后来我发现，把制订计划前置到前一天的晚上，并写好文章的开头部分，这样效率更高。

早起后，我会压缩不必要的仪式感，因为早上是我大脑运转最快的时间段，此时，我要去做最有创造力的事。

所以，当天要穿的衣服，我会在前一天晚上提前选好、搭配好、熨好，连要穿的鞋子，我也会鞋尖朝门放在地垫上。

一周中，我有一两天需要在微信公众号上推送文章，我会事先在家里修改、排版，上午10点左右，搭档会帮我推送。

很多人中午下班后就会去吃饭，但我发现我的历任领导吃午饭都会避开人流高峰时段。每个人都有自己习以为常的做事顺序，但他们很少会反思有没有更加省时的排序。有时我们只要改变做事的顺序，就能节约许多时间。

时间叠加

减肥真人秀《哎呀好身材》里，女艺人张天爱早上起床就练习倒立，就连刷牙也不忘伸展手臂、拉伸腿筋。在工作人员给她上妆时，她还见缝插针地举小哑铃。晚上回到家，卸妆的同时，她还会在卫生间里做深蹲；敷面膜的同时，还会在瑜伽垫上做拉伸。

生活中固然有许多重要的事情需要全神贯注，但对于那些不需要脑力高度集中、持续很长时间的事情，你完全可以用"一边……一边……"这个句式，比如：在上班的路上，一边走路，一边听音频课程；一边看综艺节目，一边拉伸、扭转身体；一边涂抹护肤品，一边膝盖不超过脚尖地做深蹲；一边贴着墙壁练习体态，一边用手平举书本看书……

在同一时间内，我们可以同时兼容两三种持续的状态，利用时间的叠加和并行，让时间做乘法。

重视小事

我曾在知乎上看到一个例子，一位地产大亨乘坐地铁时都要仔细计算，车门打开时应该站在哪扇门前，以及坐哪节车厢抵达目的地时，那节车厢的那扇门会正好对着出入口的扶梯，如此一来，他就能赶在其他乘客蜂拥而出前率先踏上扶梯，避开拥挤人群，节约时间。

很多高效能的时间节约术，就藏在生活的细节里。

以前我住高层公寓时，电梯特别难等，每次出门，我先不锁门，按好电梯后我再回去锁门。还有进电梯后，很多人都是先按楼层键再按关门键，其实先按关门键再按楼层键更加节省时间。

我会在办公室准备文具便携包，把相对固定的物品和文具放在透明的袋子里，外出办事时，只需增添特定资料就可拎包出发。

经常出差的人可以准备一个出行便捷包，洗护小样无须每次更换，如无须补充，下次只需带上要穿的衣物即可。

自己做的饭菜更可心。每次我去菜场买肉，会让店家帮我冲洗后切片，分装成若干袋，以后每次做饭时，单拿出一袋解冻即可。

你在别人不在意的小事上多花一点心思，就可以省下不少时间。

优化工具

现代人可能除了睡觉，与手机相处的时间是最长的。我会在经济条件允许的范围内，买技术领先、内存最大的手机，因为手机的很多功能可以帮我节省时间，比如解锁，指纹或人脸识别解锁比数字密码解锁更快。

整理写作素材时，有些需要用到的课程或演讲材料没有文稿版本的话，以前我会一句句暂停并记录，特别低效。现在我有两部手机，其中一部打开"讯飞语记"持续记录，另一部手机调成1.25倍速播放，我把它俩紧挨着放在次卧，一个速读，另一个速记，在音频自动转化为文字的过程中把自己解放出来，过一会儿再去"收割"文稿。

以前发出的微博内容写错一个字就只能删除重发，开通微博会员后实现了直接修改、编辑等功能。

手机和电脑是大脑的延伸，专心工作时，手机眼不见为净，更省时；浏览网页时，按空格键比拖动鼠标更省时。诸如此类的很多功能，都可以让我的工作变得更加高效。

杠杆思维

有杠杆思维的人，懂得用最少的时间撬动自己或别人，获得最大的成果。

同样是分析数据，没有杠杆思维的人习惯用办公软件的常规功能逐个查看、统计、对比数据，这样很浪费时间；而有杠杆思维的人，用函数或编程，几分钟就可以搞定。

同样是编辑文档，没有杠杆思维的团队，一个人改完，交给下一个人继续改，文件多次传输，浪费时间；而有杠杆思维的团队，会用共享文档之类的工具，实现多人在线同时编辑。

同样是搜索资料，没有杠杆思维的人只知在搜索框中输入关键词，结果搜出了海量的结果，再大费周章地筛选信息；而有杠杆思维的人早已掌握限定时间范围或义件类型、排除广告等高级搜索指令，让搜索变得事半功倍。

同样是提交报告，没有杠杆思维的人，做完后随便检查一下就发给上级或客户；而有杠杆思维的人，检查文档时，连全角、半角的标点有没有混用这种细节都能发现；检查表格时，调成方便对方直接打印的格式，自己多花点功夫，方便上级或客户。

工作中我常提醒自己，要对简单重复的操作保持敏感，培养杠杆思维来节约时间。

03

有人说，"忙"字拆开来看就是"心亡"。但在我看来，一个人只要确立了自己想要的生活状态和目标，时间管理就是件顺其自然的小事。我们在该做、必做的事情上"锱铢必较"，想方设法地节约时间，再把节省下来的时间放到自己喜欢和享受的事情上。如此这般，我们在忙的时候没有忙到"心亡"，闲的时候也闲得从容。

什么样的女人活得又飒又爽

01

某个周末，朋友请我在商场的一家餐厅吃午饭，庆祝她升职加薪。那天，我因为有事在身，不能逗留太久，需要在下午2：00前离开，于是我俩在餐厅点了饭菜，边吃边聊。

时间接近13：30时，我看见她从包里拿出湿巾仔细擦拭双手，然后又拿出防晒霜涂抹在手上，手指部位涂抹得尤为细致。

我很纳闷，问她手上为什么要抹防晒霜。朋友说她预约了这个商场地下一层的美甲店，等我离开她就去做美甲，现在涂好，半小时后防晒效果正好。

看我还很纳闷，她进一步解释说，有段时间她做美甲时发现手指越来越黑，一路寻找原因，发现是做美甲时的光疗灯所致。她查了资料，做了功课，找到了最终的解决方案：要么戴美甲防紫外线手套，要么手部涂防晒霜，她觉得后者更方便，于是每次做美甲之前，她就会提前半小时做好手部的防晒工作。

听她讲完后，我心里不禁赞叹了一句：爱美的姑娘，果然眼里有活儿。

我觉得她的爱美不在于她做不做美甲，而在于她细致地发现了生活中导致身体变化的现象，并且善于观察变化，追查原因，大胆质疑，小心求证，然后在解决方案的集合中锁定最适合自己的方法，并形成习惯。

02

我曾和同事聊起各自去日本旅行的经历。同事说，她在日本之行中印象最深的一幕是，她住在某个酒店，烧了开水灌在保温杯里，她敞开杯盖，想把开水晾凉。与她同行的朋友约她下楼去便利店买东西，她只带了钱包和手机就匆匆出门了。

等她再次回到酒店时，碰到刚打扫完房间的保洁阿姨，她是这样形容那位阿姨的："眼角、嘴角有小皱纹，但皮肤质地整体很好，是那种看得出上了年纪，但又看不出实际年龄的女性。"

她进屋后，看到桌上的保温杯上盖了一张洁净的纸巾。我和同事就此展开讨论，剖析当时那位保洁阿姨的心理活动。她进入待打扫的房间后，先总体观察一番，然后发现有个冒着热气的保温杯，她担心整理床铺时扬起的灰尘可能会污染了客人即将要喝的水，于是想找个东西盖在杯子上。可保温杯盖就在杯子旁边，为什么她没有把杯盖直接拧上，而是选用一张洁净的纸巾盖上呢？

我们觉得她是站在客人的角度猜想，保温杯的杯盖可能是客人故意不盖，希望把水晾凉，于是她拿了张洁净的纸巾盖在了保温杯上，这样既可以阻挡因为打扫房间时扬起的灰尘进入杯中，又不耽误客人想把热水晾凉的初衷。

我和同事经过细节分析，不由得对那位具有敬业精神的保洁阿姨肃然起敬。

几年前，我采访过民俗画家林小姐（林Caroline），她的作品有美感，人也有仙气。当我问到她的创作步骤时，她回答："背景研究、草稿、线稿、上色、调整，直到成稿。"出乎我意料的是，她说，在背景研究上最花时间。

林小姐解释说："民俗是一个延展面很广的课题，我大部分时间都在做背景研究，期望自己是个真实的民俗文化搬运工。比如吃什么、怎么吃、为什么吃，有没有历史文献可以考证。中国地大物博，餐饮菜系和风土民情不同，导致饮食习惯差异很大。我在图书馆里和网络上查资料，就要花费很多时间。"

记得经纪人杨天真说过一句话："这个世界上的工作，不分哪个忙或者哪个不忙，所有想把工作做好的人，他们都忙，因为他们要比其他努力的人做更多的事情。"

可见，眼里有活儿的女性，不管从事什么工作，总是精益求精，更进一步，把工作变得有迷人的吸引力。

我常常总结那些求助或诉苦的留言，发现很多姑娘过得不够爽的原因是心里装的东西太多了，什么都有，有道理，有不甘，有憋屈，有失落，有怨气……

人的活法是多元的，活得爽不爽，自己说了算。在我心里，什么样的姑娘能把生活过爽了，我有一套细分体系。

一种是心里不在乎。她们可能欲望比一般人更低，条件优越，能力超常，所以很多问题她们都不挂于心，活得也算爽。

另一种是心里在乎。不管她们嘴上承不承认，内心都会有追求和期待，以我对身边女生和对自己的观察，多数人都属于此类。

心里在乎又可以分为两种：将在乎转化为行动的人和没有将在乎转化为行动的人。

再进一步细分，心里在乎且转化为行动的人，又可分为将在乎转化为自己行动的人和将在乎转化为别人行动的人。

心里在乎，又没有转化为行动，或者转化为别人的行动的人，通常都活得很憋屈。正如北京中医药大学的罗大伦博士所说："憋屈的人容易患上'比较病''应该病''受害病'和'嫌弃病'。"

所以我的结论是，心里不在乎，或者心里在乎，但能转化为自己行动的人，通常都活得很好。

减不了肥，没有一家外卖店是无辜的；心情不好，都是身边那些讨厌鬼惹的祸；感情不顺，都怪自家男友和别人家男友差距太大；工作不爽，凭什么苦劳是自己的，功劳却是别人的？

他们嘴上不服，心里不甘，消极等待外界或别人做出有利于自己的改变，从来不想自己能做些什么积极的改善。

以我对身为天蝎女的自己的了解，我知道很多问题我都是在乎的，比如我外表不算好看，但我希望自己能变美一点；我能力不算出众，但我希望自己可以变得更强一点。所以，与其抱怨身处灰暗，不如提灯前行。

这几年，我归纳了很多自己所欣赏的女性的优点，发现她们身上有个共性，就是眼里有自己的活儿。她们能意识到自己内心对事业和美丽的在乎，并珍视这份在乎。而且她们能把这份在乎转化为自己的行动，总是在自己的能力范围内"大做文章"，没有过多地埋怨和要求别人，而是把指责或改造他人的精力用来把自己要做的事情尽力做到最好。事实也同样证明，把自己变得更好、更强，是解决诸多问题的关键。这样充实又理性的女人，不磨叽，不啰唆，能活出又飒又爽的自我。

什么样的女人活得又飒又爽？我觉得她们心里有自己想要活成的样子，然后有与之配套的"目标—执行—改善—再执行"的系统；她们眼里盯着自己的活儿，从而稀释掉了心里的不甘、憋屈、失落和怨气。

在负重前行的日子里，修炼一张岁月静好的脸

01

我们都想过岁月静好的人生，想顺顺当当就能达成理想。实际上哪有什么岁月静好，再深爱的爱人也有你不喜欢的缺点，再喜欢的工作也有你不得不忍受的内耗。李子柒视频里的田园生活总是给人以岁月静好的印象，可我也捕捉到她那双与年龄不符的粗糙的双手。

有句话说，哪有什么岁月静好，只不过是有人在替你负重前行。更普遍的是，哪有什么岁月静好，你得自己负重前行。虽然成年人的生活里没有"容易"二字，可我还是希望，在负重前行的日子里，修炼一张岁月静好的脸。

02

我极为欣赏和敬重那些在负重前行中能修炼出岁月静好的脸的女人，卡门·戴尔·奥利菲斯就是其中之一。我被这位78岁重返T台的模特迷住了，并且还特地去查看了她努力背后的故事。查完之后，我越发对她着迷了。

父亲抛妻弃女离家出走，她被母亲抚养长大。母女二人在阴暗潮湿的房子里相依为命。她15岁就开始赚钱养家。她的母亲脾气很差，说话恶毒。原生家庭简直是一团糟，而她接下来的人生又经历了三次离婚和两次破产。

面对三次离婚，她说："爱情于我就像呼吸一样重要。"面对两次破产，她说："我只是投资失败，并不是一无所有。在我仍然拥有的东西里，最珍贵的是谁也拿不走的。"

她在74岁高龄时，被一场金融骗局骗光所有财产，但她依然乐观："我还有能力养活自己，我对此感到很骄傲。"

她有张站在自己画像前面的照片，被作家黑玛亚形容为："定格了生命中的优雅，毫无兴奋、骄傲，毫不自大，温柔、柔软地微笑着，像未经世事的女孩，但散发出高贵和气度。"

她的存在让我相信：美丽与年龄无关。她比任何一个更年轻、更好看的模特都更加光彩夺目。我最佩服她的是，哪怕岁月一点儿都不静好，但她还是凭借着自己的实力修炼出了一张岁月静好的脸。

卡门遭遇到的事情，随便任何一件都能把我折磨到崩溃。可在她那张历经岁月的脸上，居然像什么事情都没发生过一样。她没有将自己摊成稿纸，任凭岁月随意刻画。她眼里有柔和善良的神采，脸上有坚定优雅的线条，性格里有明媚豁达的乐观。她让我想到《中国合伙人》里的一句台词："如果皱纹终将刻在我们的额头，我们唯一能做的，就是不让它刻在我们心上。"

03

岁月不静好，命运的蹂躏很容易在人的脸上留下痕迹。

通常来说，个性被动的人会觉得自己倒霉，暗自埋怨，日渐自卑，眼睛里透着怯生生的光，久而久之，脸上会有悲伤的神色。

个性主动的人又可以分为两种：一种人是虽然克服了困难，战胜了命运，但他们习惯把命运亏欠自己的不甘、自己成功走出来的自大，化作对人性的不信任，充满着挑剔、偏激和戾气，面带讨伐之气，眼神犀利。

而另一种人则是在看清生活的真相后依然热爱生活，受到岁月的"毒打"后，内心依旧晶莹剔透，眼神里有好奇和期待，言语里有柔情和善意，心中有智慧和慈悲。他们明明不屈不挠地和命运对抗过，却依旧活得平静舒展，身上没有丝毫不满和戾气。

一个人想要修炼一张岁月静好的脸，要么天生幸运，要么后天耕耘。那些以一张岁月静好的脸示人的人，可能幸运地出生在一个美好、完整的原生家庭中，还有一种可能，虽然原生家庭不够好，但他们通过自己的努力处理掉了大部分负面影响。

他们可能一路上幸运地遇到了善良、正直的人，也可能虽然遇到了伤害自己的人，就算无法和解，但也默默坚忍，在心中渐渐释然。

他们可能会幸运地遇到给自己正面、积极反馈的人，也可能虽然评论各异，但仍清楚地知道哪些负面评论该无视，哪些该转化成理性的建议，加固自身。

他们可能幸运地从小耳濡目染，养成了良好的性格和思想，也可能通过学习，让自己的思维和行为能够"向上生长"。

我羡慕先天幸运的人，但我更敬佩后天努力耕耘的人。他们在生活的万般刁难下还能留住可爱和温柔，多么了不起啊！

04

那些活出"世界以痛吻我，我要报之以歌"境界的人，他们有哪些力量和智慧可供我们学习和借鉴的?

能力强大到爬出弱小圈层

黄渤在一次采访中说："以前在剧组里，总是能遇到各种各样的人，耍着各种小心机，如今身边都是好人，每一张都是洋溢着温暖的笑脸。"

当你弱小时，对你不好的人很多，他们常常通过贬损、排挤、嫉妒等方式带给你负能量；而当你强大时，对你和善的人会越来越多，他们会通过赞美、学习、合作等方式带给你正能量。

所以，写私信给我，抱怨身边同学或同事说话难听、做事难看的朋友，与其把精力沉浸在你将来不想与之为伍的人身上，不如置之一笑，增强自身能力，爬出弱小圈层，与那些志同道合的人相逢在更高处。

身体强大到享受好日子

怎样度过人生的低潮期？毕淑敏这样回答："安静地等待，好好睡觉，像一只冬眠的熊。锻炼身体，坚信无论是承受更深的低潮还是迎接高潮，好的体魄都用得着。"

哪怕你现在的生活每天都处于"兵荒马乱"中，也不要忘记好好照顾身体，尽量做到每日四省吾身：饮食健康否？坚持锻炼否？作息规律否？心情愉悦否？

规律、科学的饮食、锻炼和作息，能够增加身体的能量。别让身体陪你扛过举步维艰的现在，却没有福分享受岁月静好的将来。

内心强大到能把阴影留在身后

我从前年开始写感恩日记。每天晚上，我会写三件当天带给我美好回忆的人或事，让自己体会被世界善待，记得回馈对我好的人；而那些对我不好的人，我不希望他们出现在我的日记和回忆中。

对于那些伤害过自己的人，放下并不意味着原谅，而是不再计较。山河辽阔，不要让自己只活在怨恨里。有时候宽容并不是宽容别人，而是宽容自己，因为内心的容量有限，不要被伤害和阴影占据内存，要用这些空间在内心呵护一朵花开。

我很喜欢曼德拉说过的一句话："当我走出囚室，迈过通往自由的监狱大门时，我已经清楚，自己若不能把悲痛与怨恨留在身后，那么我仍在狱中。"

如果岁月刻薄对我们来说是道人生必答题，那么我希望我的能力、身体和内心能够得到全方位的壮大。我不要沾染戾气，我要继续温暖纯良，永远拥有一张岁月静好的脸。

有多少女人还在肤浅地爱着自己

01

某个周末，我和女伴逛街，看到一个精巧的流苏挎包，于是拿到镜子前摆弄了一会儿，最后决定放弃购买。女伴劝我："买呗，女人要学会爱自己。"

我心想，不买是因为不合适，而不是不爱自己。这个包虽然好看，但实在太小，对于我这种"伞在人在"的防晒达人来说，连伞都装不下的包，属于中看不中用。

现在的女人似乎都很累，要上得厅堂，还要下得厨房；要上班工作，还要下班带娃；要情场不输人，还要职场不输阵。同时，女人也很能花钱，一瓶纯净水占八九成的化妆水就要花好几百元，一罐限量版的香水要花好几千元，一个好看的名牌包包要花好几万元。

花钱的确是讨自己开心最直接、最有效的方式，可是花钱真的能证明我们在好好爱自己吗？我身边一个1990年出生的女生，月入3000元不到，却用着大牌的全能乳液和轻奢的包包、饰品。她总说女人一定要趁年轻好好打扮。我就很纳闷，一个收入不高、家境普通的女孩，砸在护肤、扮美上的配置会不会有些太高端了？

有一天，她生病了，我去她家送药。进屋一看，我算是知道她为了买得起昂贵护肤品和穿搭饰品而牺牲了什么。

她每个月的房租非常便宜，住的房子老旧，光线昏暗，杂物遍地。她与另一个女孩同住一个房间，两个人的作息时间不一致，导致她睡眠不好。房子里不能做饭，于是她经常吃方便食品将就。她说，每个月快还信用卡的前几天，她都需要东挪西凑，十分焦虑。

每个人都有自己的活法，换作是我，我会选择买性价比更高的护肤品和饰品，用节省下来的钱去租间环境更好的房子，或者单独租住一间；购置豆浆机或电饭锅，好好吃饭，好好休息，增强体质，不让自己精神紧绷，以免经常生病。

很多姑娘毕业以后或多或少都会过一段苦日子，拿着和付出不成正比的报酬，怀着与现实不相匹配的欲望，在经济条件允许的范围内，买点精致好物犒赏下辛苦的自己，抚慰下失恋、失意的情绪，只要能掌握好合适的度，这样做并没有什么不好。

我读过一些成功人士的采访或传记，他们在事业上取得成功后，会在物欲上做加法。刚开始会很满足，但过一段时间后，他们意识到物质很难带来自己想要的幸福感，于是许多人就会在物欲上做减法。我觉得，在事业上升期，那个在物欲上做加法的阶段，可能是很多人必经的过程。可是花钱速度一旦大于赚钱速度，为了一时爽快，不惜拆东墙补西墙，为了脸蛋，牺牲健康，用花呗、借呗和信用卡预支精致生活，总以"会花才会赚"来催眠自己，我对这种生活方式心存质疑。未富先奢、透支将来的日子是可持续发展的吗？你确定自己不会被水涨船高的消费欲挟持，去做身不由己的事吗？

更可怕的是，有些人会被"买大牌、掷千金"的习惯所驯化，遭遇挫折，首先想到的不是去解决问题、自我剖析，而是用最简单、最粗暴的方式讨好自己。她们和男友吵架，不去分析深层原因，而是买个名牌包包就让它过去；被领导训斥了一顿，不去反省自己的过失，而是买瓶精华液让自己忘掉一切。别人吃一堑，长一智，换来了成长，而她们跌一跤，买一物，却错失了自省。

我的一个同学，她读大一时家人发生意外，责任方赔偿了几十万元。从此以后，她三观重塑，觉得务必把每天都当作生命的最后一天来过，千万不能让意外比明天捷足先登。在校期间，她出手阔绰，开瓶即食的燕窝、拎包即走的旅行、刚上市的新款产品，她眼睛都不眨一下就买了。

毕业后找工作期间，在我们都住蜗居省钱时，她一个人在市中心租下了公寓，办了高端会所的健身卡，不疾不徐地投简历，找工作。

几年后，我已经攒钱支付了一个小户型房子的首付，而她基本上把那笔赔偿款用完了。现在，她的收入已经难以维持以前的吃穿用度，她一边唏嘘，一边后悔。

其实，爱自己和花钱之间是无法画等号的，甚至连约等于都谈不上。我们不应为夸大的广告、带货主播的煽动性语言而支付过多的溢价。因为，商人的洗脑、情怀的绑架，都不能定义你爱自己的方式。

02

我很喜欢观察身边那些真正懂得疼爱自己的女性，她们身上都有一些共性，比如更加独立、自信，能照顾好自己，会自娱自乐，自我治愈能力强，不过分追求物质享受，精神世界丰盈。

我定向观察过我的一位美女朋友，她几乎很少说要爱自己之类的话，因为自我宠爱早已刻进她的基因里。她的很多经验我都偷学过来，确实受用：

1. 冲完厕所后，条件反射般地做几个深蹲；睡觉前，把手机放在客厅，不打扰睡眠。

2. 工作忙得手脚并用、大脑飞速运转时，眼睛微闭，稍作休息，或者用眼球按着笔画顺序写"采"字。

3. 如果某天加班没时间运动，就放弃乘坐电梯，改为爬楼梯；就算乘电梯，也不动声色地夹紧臀部，美化臀部线条。

4. 买东西看重质量，衣物的亲肤性、保养品的安全性，远比品牌的知名度重要得多。

5. 她很爱购物，但买东西很少失手。她在上海学服装设计时，老师让她们去各大商场试穿，不准冲动买下，这种方式不仅可以了解自己的风格，扬长避短，还能避免"失心疯"似的花错钱。

我们在平时做好这些小事，为改善自己的健康、身材和心情做一份踏实、可靠的投资，才是爱自己。而那些平时不防晒，却在专柜前吵着要买奢华修护面霜的人；那些平时不运动，却在购物时希望靠立体剪裁的昂贵衣服来遮肉显瘦的人；那些三餐胡吃海塞，却以为从国外代购几瓶爆款保健品就能化险为夷的人；那些平时的行为看不出爱自己，只有在刷卡购物时才想起要爱自己的人……骗别人可以，但你真的能骗过自己吗？

还有那些在爱情中缺乏独立人格，整天郁郁寡欢，没情趣、没自我的姑娘，甭管爱自己的门槛有多低，她们都进不来。

舒缓神经的方法不只是温泉、按摩和SPA，照着布克奖、诺贝尔文学奖的获奖书单阅读一番，效果也会很棒；缓解压力的途径不单是"剁手"血拼买包包，约上三五好友到公园赏花、赏月，也能让烦恼自动隐身。

提升技能、开源节流积攒下的安全感，规律、健康的生活习惯，稳定、乐观的心态，都比单纯花钱实在得多、有用得多。

在卓别林的《当我开始爱自己》里，其中有一小节我特别喜欢：

当我开始真正爱自己，

我不再牺牲自己的自由时间，

不再去勾画什么宏伟的明天，

今天我只做有趣和快乐的事，

做自己热爱、让心欢喜的事，

用我的方式，以我的韵律。

在我眼中，最好的生活就是过去、未来两不误。对过去来讲，现在是过去的未来，是心心念念的"总有一天"，现在穷酸、困苦，是我辜负了过去的努力和付出。而对未来而言，现在是未来的过去，是日思夜想的"如果当初"，现在挥霍无度，会透支未来的美好和希望。

爱自己永远是正在进行时，正如加缪所说："对未来的真正慷慨，就是把一切都献给现在。"

真正见过世面的姑娘，都是狠角色

01

下班后一群同事一起出去吃饭，等菜期间，我们聊起了趁年休假去旅游的女同事岚。有人点开她的微信朋友圈，最近一组"九宫格"是她在国外海边的旋转、跳跃照；往前翻，是她在博物馆和老胡同里的漫步自拍照；再往前翻，是她周末去参加彩铅绘画的成品展示照……

我们把岚的朋友圈翻到底还意犹未尽，然后埋怨着"仅展示最近半年"的朋友圈功能。有同事感慨，岚的气质和风度，一看就是从小就见过世面的。然后，一句八卦改变了聊天走向：你们不知道吧，岚的家境可好了，她爸是……

坦白说，每当听到这种注重外因、忽略内因的论调时，我内心是很反感的。原因有二：一是避开岚本身的能力和好学，只归功于她父母的经济和意识，让她从小见多识广；二是让很多从小没怎么见过世面的姑娘妄自菲薄，仿佛一切都是父母的错。

在我看来，父母只能给孩子提供一张见世面的入场券。但孩子被送进去之后，能达到见天地、见众生、见自己这些境界的人真的很少。大多数人只能稀里糊涂、浮光掠影地看个表面上的热闹。

见世面和真正见过世面完全是两码事。

02

既是作家又是企业家的杰出女性梁凤仪，在我眼里是位真正见过世面的狠角色。

从小就见过商海沉浮，在写出脍炙人口的小说后，她却谦虚地说，自己"在文学上不一定具备很高的修为"。

长大后，在同学聚会上，她听人抱怨说用人不好找，于是创办了首家菲佣介绍所，为香港家庭引进菲律宾女佣。

离婚后，她依然非常欣赏前夫何文汇的才学。她的小说被改编成电视剧，有很多主题曲都是由她的前夫来作的词。

她曾写道："记得8岁那年正值家道中落，母亲即使每餐都吃残羹剩饭，也要让丈夫和女儿走在人前衣履鲜明、风采依旧。父亲更恳切地向他任职的银行的总裁提出，宁愿放弃每年的加薪，但求银行的总裁能以世伯身份多带女儿参加社交场合的聚会，'以增见闻、以广世面、以习礼仪、以练应对'。加上父母不断鼓励我在求学时期参加演讲、辩论比赛，告诉我要赢的不是奖牌，而是经验。

一个人能说话有信心、有分寸、有内涵、有思想，就会胜券在握，就能无往不利。"

她的父母给了她见世面的机会，但懂不懂礼仪、会不会应对、有没有见地，只与她自身的努力有关。

梁凤仪把见闻和体验写进了小说里，把经验和智慧用到了企业经营上，把豁达和谦虚嵌进了性格里。

在我看来，见世面是父母领进门，真正的修行则是靠个人：把见过的世面变成见识，体现在学识、思想和修养里，才是真正的有眼界。

03

有一次，我采访创业者张萌。言谈之中，她很感激从小她的妈妈就带她见世面。小时候，她的妈妈带她去吃西餐、日餐或泰餐，边吃边教她用餐礼仪，从饮食文化延伸到地域文化，让她从小就认识到外面世界的精彩。现在，她已经去过40多个国家，这些见识已经融进了她的气质里。

在她小时候，她的妈妈去学习英语时也带着她，周围都是大人，见她觉得没趣，她的妈妈为了结合她的兴趣，就租了旁边的教室，请老师教她绘画。长大后，张萌创办了"立德领导力"和"下班加油站"等教育品牌。

张萌小时候迷恋电视上的钢琴表演，她的妈妈就陪她学弹钢琴。每次练琴前，母女二人都要穿戴漂亮，她的妈妈报幕"下面有请张萌小朋友为我们演奏"，然后她提着裙角，左右鞠躬，坐下演奏，这让她长大后能够从容地享受舞台。

虽然我明白她长大后的成绩和小时候的经历之间存在着联系，但我始终觉得，很多世面你需要自己去努力才能见得到。

而那些真正见过世面的人，对自己"下狠手"的程度令人咋舌。就拿张萌来说，她大学时获得APEC（亚太经济合作组织）"未来之声"全国英文演讲比赛的冠军，并随时任领导人参加APEC峰会，这段经历也成为她后来创业的起点。

她英语好，离不开"1000天小树林"的积淀。读大一时，她英语名列"后茅"，为了学好英语，她逼自己二年搞定"一万小时定律"。她每天早上5：00起床，去小树林朗读英语，北京的冬天寒冷刺骨，她硬是风雨无阻地坚持了1000天。

就算家境尚可，但父母的能力也未必能让她跟着国家领导人一起出访，让她连续三年登上纽约时代广场大屏幕，让她当上奥运火炬手和三八红旗手，让她多次参加APEC峰会和博鳌论坛，让她受到希拉里和卡梅隆等名人的接见……

张萌的父母让她从小见了些世面，长大后她亲手接过接力棒，努力提升自己。她的成长，最终还是靠她自己的努力争取得来的。

04

如果小时候父母没带你见世面，长大后，你有的是机会自己去见世面。

曾听过互联网公司营销顾问冷夏的演讲，她讲道，工作以后，基本上把周末和假期都投注到见世面上了，比如：参加世界零食工作坊，分别测评出好吃、好看、性价比高的零食；参加发呆大赛，在两个小时内不能说话，不能做其他事，不能玩手机，只能发呆；拍奇葩视频，其中有个主题是做自己葬礼的主持人，认真地回顾过去；到处旅行，有一次在美国，她看到程序员们扮成《星球大战》中的角色……

尽管她说她是在玩，但我觉得她这是在见世面。我们要多走走，多看看，多结识朋友，多参加活动，这样获得的思维、知识，能更好地改善我们的工作和生活。

如果你因为小时候没怎么见过世面而流泪，你很可能还会错过长大后见世面的机会。一个人见世面的最佳时机是小时候，其次是当下。

05

在见世面这件事上，富人有富人的便利，穷人亦有穷人的方法。

我认识一个海归女孩，她爸妈退休后辛苦打工，供她在国外留学。可这个女孩回国后看不起自己的父母，嫌他们不会说外语；她找不到工作，只会与人攀比和享受生活；她的自信超过能力，情绪大于本事。

有的人就算去外面的世界走上一圈，见的也是假世面，因为他们缺乏把见过的世面转变成见识和修为的能力。毕竟决定眼界宽度的，不仅是存款的额度，还在于领悟和思考的能力。

我的另一位舍友，在上大学之前，她都没离开过自己的老家——一个地级市，生活费主要靠勤工俭学和奖学金，但她热衷读书，善于观察，勤学好问。

我见过她抱着商务礼仪的书边看边练，见过她看完美剧后在博客上分析细节，见过她去博物馆找讲解员答疑解惑。大学毕业时，她拿到了全额奖学金，去欧洲读研究生了。

有的人就算原生家庭条件不太好，也会通过好奇心和进取心与世界建立紧密的连接。

虽然父母的眼界和家庭的经济状况都是影响因素，但自身才是决定性因素。在我看来，有见识的姑娘的思维方式是最大的亮点，同一件事，她们会通过横向对比和纵向对比来透过现象看本质；同一个观点，她们会从正方、反方和中立方三个不同的角度来思考。

愿你读万卷书，行万里路，修炼成一个真正见过世面的姑娘：眼里有光，说话带着向往，好奇心不灭，热情不减，身上闪耀着剥离了优越感的落落大方；见怪不怪，处变不惊，见微知著，见贤思齐，不囿于琐碎，不困于庸常，在未来某一天，能惊艳众人和时光。

第二章

真正精致的生活，从来都不贵

成年人的世界，除了变胖和变老，没有"容易"二字。连轴转了五个工作日后，周末是我们的小型避难所。

学会从生活的情趣中得到滋养

01

爸妈从老家过来跟我小住期间，某个周末，我带爸妈去公婆家玩。公婆所住小区的物业恰好在举办手工活动，我、我妈和婆婆三人报名参加了。

第一个活动是染布料。我挑了块白手绢，我妈挑了条白围巾，婆婆挑了件白 T 恤。我们三个人围坐在桌旁，兴致勃勃地商量着配色和造型。

我用皮筋在白手绢上扎了四个角，然后凭着想象力在布上涂抹染料；我妈和婆婆也想出各种招数落实着脑海中的色彩搭配。

第二个活动是画脸谱。我们每人挑了一个，打开颜料盒，用画笔在纯白的脸谱上描摹上色。我挑了一个《三国演义》里"姜维"的脸谱，看上去挺简单的，但做起来一点儿也不简单，边缘处经常因手抖而画过界，眼睛更是画得一团糟。

做手工带来的新鲜感和幸福感让我们眼里闪烁着小火苗。自己做的手工虽不是很精美别致，但亲自付出过心力和创意，这些小玩意儿就被赋予了别样的意义，留住了一小段美好时光。

婆婆买的股票跌了不少，我妈过几天要去体检，所以她们心中都有些忐忑不安。我那时正在准备工作上的考试，做题做到想吐。但我们在做手工时，把糟心事放到一边，眼里、心里聚焦于一涂一抹、一笔一画。

三毛曾说："一向喜欢做手工，慢慢细细地做，总给人一份岁月悠长、漫无止境的安全和稳定。"

每个人的生活里，都有各自的一地鸡毛。周末穿插一些富有情趣和情调的事情，可以让一周的疲惫快速消解。若不从生活的情趣中得到滋养，我们如何与世界自信地对抗？

02

有好几个女性读者向我倾诉失恋的烦恼，我列举一个朋友的应对方案，希望能给失恋的朋友一些参考。

我这位朋友几个月前刚结束一段感情，我劝了她好久，她都没有走出来，可见所中"情花毒"之深。

后来，她买了台钢琴，说是从小就想学，以前家里经济条件不允许，工作后忙着升职、加薪、谈恋爱，一直没时间，所以，失恋后就当作给自己找乐子。

她一周去上一到两节成人钢琴课，然后回家练习。学了一段时间后，她给我发她弹琴的小视频。我看着视频里那个优雅、自信的她，觉得她中的"情花毒"解得差不多了。

有一天我去她家玩，她教我看琴谱、练指法，还找了几首简单的曲子让我练习。后来，我大概知道为什么练琴能让她走出失恋状态了。

她在弹琴之前，脊背挺直，手指就位，脚踩踏板，眼看琴谱，全身心都被调动起来了，根本没精力瞎想、走神。她如果弹错一处就会自我反省，弹得顺畅就会有成就感，沉醉在越来越连贯的音乐中，觉得时间过得飞快。

她告诉我，刚分手时，上班有事可做还好，下班回到家独自一人，就会回想起曾经一幕幕甜蜜的情景，回忆起分手时的一句句说辞，心如死灰，胡思乱想，泪流不止，经常失眠。

学习弹钢琴后，她的生活有了高质量的充实感，下班或周末她就去上课，没事就练琴或听钢琴曲，一来可以转移失恋带来的负面情绪，二来可以借音乐让心情变得愉悦。

"女人要爱自己"，对于这句大而空的话，我的朋友是这样落实的：找到一个兴趣爱好或一种生活情趣，把原本用来瞎想的时间投入其中，让自己远离烦扰，变得心平气和。

03

当我把生活过得很粗糙时，最有效的扭转方法就是抽空看《浮生六记》。

沈复的妻子芸娘在人生顺境时，认为一虫一草都是乐趣无穷的探险，一花一木都值得被悉心对待，一块石头也是一番美好景致。

在人生逆境时，家中清贫困顿，她从无怨言，反而拔钗沽酒，回应沈复的奇思妙想。菜花黄时，她担炉烫酒，柴火煎茶，黄昏煮粥。

在对女性并不友好的年代，把生活过出情趣与情调的芸娘，被林语堂称赞为"中国历史上一个最可爱的女人"，被鲁迅夸为"中国第一美人"。

很多人在生活不顺或身体不好时，就会从生活情趣中寻找滋养和力量，与逆境对抗，与病魔对抗，与周而复始的无聊对抗。

宋美龄曾患过乳腺癌，却活了106岁。我看过一篇文章，说她的长寿归功于良好的生活习惯和广泛的爱好、情趣。她业余时最喜欢、最下功夫的是国画。

"在美国疗养期间，她空闲时就画画、写毛笔字。研习绘画必须精神集中、杂念尽除、心平气和、神意安稳、意力并施、感情抒发，使全身血气通畅，体内各部分机能都得到调整。"

总说生活没劲的人，其实自己最没劲；总说日子无聊的人，其实自己最无聊。

　　想要突破这种没劲又无聊的生活，就请试着去过有情趣的生活吧。正如村上春树所说："一个敷衍了事、平淡无趣的态度，怎么能期待拥有一个趣意盎然的生活呢？"比起金钱和时间，积极的生活态度和实实在在的行动更关键。

成年人的自我重启方式

01

一天，我和两个好友下班后聚会。席间，"95后"小姑娘聊起了"如何过周末"。

她在高新园区上班，每天工作到很晚，回家洗漱后躺在床上会补偿性熬夜，淘宝、八卦、玩游戏，拖到深夜12点后才睡。周末她则会高密度补觉，睡到中午一两点才醒，早餐自动省略，打开手机叫完外卖，继续躺在床上刷小视频，外卖小哥送餐上门，她才起床吃饭。吃完饭后，她就窝在沙发上看综艺。如果下午有约会，她就打扮一番后出去撸串、喝酒；如果没约会，她就继续穿得像个火云邪神一样宅在家。

听她说完，我和另一个好友面面相觑。我俩一致觉得，只有"95后"才敢这么做，我们"80后"胆敢这样过周末，下周一肯定皮肤水肿、精力欠佳。

微博曾经有个热搜叫"成年人的自我重启方式"。成年人的世界，除了变胖和变老，没有"容易"二字。连轴转了五个工作日后，周末是我们的小型避难所。

如果过了一个放纵而不放松的周末，晚上熬夜，早上赖床，久坐不动，省略早餐，暴饮暴食，节奏突变，聚会无度，饮酒过量，我可能就彻底"死机"了。

我觉得，好好过周末，就是我的自我重启方式。

02

"95后"小姑娘问我俩平时怎么度过周末时光。

我说，我周六早起写作，在老公起床后也不安排待办事项，我们怎么放松怎么来，可能去公婆家住一天。如果我们不去公婆家，就出门爬山，看场电影，好好做几个菜，或者煲一锅好汤。周日，我就使用待办清单了，要写文章，要看书，要做读书笔记，要去上课。

我把双休过成了单休，周六以休闲娱乐为主，周日以务实提升为主。

另一个好朋友的周末过得比我更加丰富多彩，城市里的文艺活动她比谁都门儿清。最近她在一家画廊办了卡，周末在画廊看新锐画展，然后由老师带着学习画画。她还把头像换成了自己画得最满意的火烈鸟油画。

"95后"小姑娘听完后决定改变自己，开始过早起运动、读书的周末，虽然会有短暂的挣扎，但在周末结束时会感到内心充实，获益匪浅；而躺尸、煲剧、玩手机的周末，虽然一时感觉轻松，但过后没有记忆点，只有愧疚感。她说，尤其是每周一，倍感煎熬，情绪低落，身体不适，工作效率低下。

不会过周末的人，明明刚休息过，却比谁都更需要休息。

03

下面是我好好过周末的生活提案：

1. 有趣的活动

知乎上有个提问，"一个人在周末可以做哪些事"，最高赞的回答来自"大猫布丁"介绍的有趣活动：

专业小众的活动，比如格斗、攀岩、徒步。"越专业、越小众的运动里，狂热分子出现的概率越高，越容易学得专业，而且同伴素质高，玩得也更开心。"

加入收费俱乐部。周末带你去户外游，比如摄影游、拉练游、休闲游等。有向导，有保险，有车接送，事先标注路线难度，车费、门票费用AA制。

主题式的讲解分享活动。有些技术分享活动，会请到行业一线工程师来讲解，也会有爱好分享会，请一些业余爱好做得精通的人来分享经验或答疑。

无论是在网络上，还是在现实生活中，我看见很多有意思的人都会在周末做一些有意思的活动。

我的一个宁波的朋友，喜欢利用周末的时间去看桥、拍桥。我很喜欢看他在朋友圈里发的各种斜拉桥。

传记作家范海涛在书里写过，根据一本当地的美食书，她和先生周末去吃，并找大厨在书里相对应的页码上签名。

前面提到过，从事互联网职业的冷夏，周末会去走访零食工作坊，参加发呆大赛，拍创意视频。

我刚来到大连这座广场之都时，每周都会打卡一个广场，去星海广场看喷泉，去人民广场看骑警，去中山广场看建筑。

有一次，我带爸妈去北京。我们周五晚上坐火车睡了一夜，周六早上到北京。我带他俩游览故宫和颐和园，还去水立方看了游泳比赛。如果没带着我爸妈，我更喜欢去转转北京那些优质资源扎堆的美术馆和博物馆。

我和老公周末常去公婆家，他们所在的小区物业很用心，基本每周都有活动。我特别喜欢参加手工活动，比如给脸谱上色，给手绢染色，烤饼干，缝香囊，做水果插花……

2.提升的行动

大田正文写的《休活》一书对我影响深远，"休活"就是休息日的活法。这位企业职员原先没有任何朋友，过着公司、家庭两点一线的生活，他对未来隐约感到不安。后来，他利用周末和节假日培养兴趣爱好，拓展人脉关系，让生活变得缤纷多彩。

他在三年内主持过 5 个学习交流会，举办或参加过各类学习活动 302 次，每年与 1000 多人沟通、交流。

2019 年有 133 天的非工作日，周末占了绝大部分，以前我写过"度过周末的方式，决定了人与人的段位差"。我曾做过粗略统计，在工作日，除了早起时段用于看书、写作，上班时间忙工作，下班后做饭、吃饭、洗碗，出门快走，早早睡觉，能留给自我提升的时间已经不多了。

而周末我有人把的时间用来看书、做笔记、看电影、写作，这对我的输入和输出都算得上难能可贵。尽管我在工作日很注重时间管理，但全部的阅读量和写作量基本和周末持平。

3. 互补的休息

很多人对周末休息的理解就是睡觉，或者就是为上周的不良睡眠还债。

研究发现，周末补觉很难弥补平时熬夜带来的健康问题，甚至比持续睡眠不足危害更大，还会让你在周一的早晨更容易犯困。其实还是每天都有规律的睡眠最好。

当感到疲劳时，我们就会想要休息，疲劳本质上是反复使用肌肉或者大脑的同一部位而产生的累觉。

在《为什么精英都是时间控》一书里，作者桦泽紫苑建议大家采用"互补休息法"。如果在周末还重复平日所做的事情，只会带来更多的疲劳，所以周末应该做平时不做的事情，借此来休养身体、恢复大脑。脑力工作者周末最好通过运动来放松，体力劳动者周末最好通过看书来休息。

作者还建议，大脑的各项机能也应保持平衡，平时伏案工作的人"语言、理论脑"使用较多，周末可以去美术馆欣赏画作，或者去电影院看看电影，这样有助于放松"语言、理论脑"，而激活"感觉、艺术脑"。

从事技术或研究工作的人，平时较少与人接触，周末可以和亲朋好友多聊天交流；而平时与人打交道多的人，周末则可以尽量留出独处时光。

我平时工作和写作节奏较快，所以周末我尽量放慢节奏。我会给绿植浇水，静静地观察小区里的猫、狗，在阳台上无所事事地晒太阳、做白日梦。

4. 高质量的独处

对于周末，家里没孩子的人满怀期待，家里有孩子的人却叫苦不迭。但我发现，家有两个孩子的F姐意外地出现在了对周末"满怀期待"的阵营里。

她说，虽然周末她会带两个孩子去动物园、培训班，不是跑腿就是动脑，但她还是很期待周末，因为她和家人达成了协议，周末她会有半天的独处时光。

孩子、老人在家，她就去外面的咖啡店看书；孩子、老人外出，她就在家里做瑜伽、练字。我问她独处时都会做些什么，她说基本不碰手机，只是一个人静静地坐着，让大脑放空。她还推荐我做正念练习，去感受呼吸和吐纳的过程，感受自己与周围环境的关联。

她说，独处会让头脑变得清晰、平静，那是一种信息斋戒、社交断舍离后的自我回归。

对我来说，一个美好的周末，需要有趣的活动、自我提升的行动、互补的休息、高质量的独处。拥有这样一个配套的流程才算得上是一个好周末，因为它可以为我的情绪、体力和精力放电再充电，获取又忙又美的续航力，支撑我度过高强度的下一周。

除了好看的皮囊，也追求有趣的灵魂

01

你会不会像我一样，心中也有一个名单：如果我是男人，谁将会是我最想娶的女人？

几年前，我在深圳认识了一个姑娘，她就是我心中的最佳人选，因为她很有趣。我几乎不曾听到她埋怨工作、说别人的闲话，她每天都能从日常生活和工作中找到小新意。在我去她家做客时，她会做新学的裱花咖啡给我；去餐厅吃完饭后，她会在留言簿上画有趣的漫画，她常常会两眼放光地给我推荐城市中有情调的小角落、别具匠心的小物件，以及她亲测好玩的新奇体验。

每次和她相处，哪怕我刚开始兴致不高，也会渐渐被她快乐、热情的状态所感染。认识她之后我才发现，有趣是一种社交美德，更是一种人格魅力。

结合我的所见所闻，我觉得有趣的姑娘在性格、气场及谈吐上有以下共同点：

对生活热爱且投入。她们经常神采奕奕，且极具生活情调。她们对未知充满期待和好奇心，喜欢尝试新鲜事物；积极乐观，有顽童心态，有激情，易快乐，笑点低，很少发牢骚。

有丰富的阅历储备。她们读过万卷书，行过万里路，有情怀，有历练；自有一套稳固的认知体系，但也不排斥别人的观点；不狭隘，不固执，没有鄙视链。

她们表达清晰，真诚幽默，状态松弛，反应迅速；发表自己的观点时，尺度拿捏良好；和别人讲话时，能把自己的注意力放在对方身上。

会对日常生活进行"微打破"。她们拒绝长久地陷在鸡毛蒜皮的小事中，喜欢沉浸在自己的兴趣爱好中；有想象力，创意十足，喜欢跨界，是自己精彩生活的总策划；有不同于职业身份的多张名片，不墨守成规，时常给周围的人带来惊喜。

02

由于写作的关系，更多有趣的姑娘进入了我的视野。"90后"创意晒娃辣妈罗浅溪怀孕时，在保证安全的前提下，以自己的肚皮为画布，用颜料把婴儿的样子勾勒在肚子上。她的一个怀孕8个月的朋友看后觉得十分有趣，也邀请罗浅溪在自己的肚皮上即兴创作，画了一幅宝贝双手捧着脸蛋、笑着望向母亲的画。

几年前我采访作家满碧乔，问她写作时卡壳了会怎么办。她的回答是，半天憋不出一个字时就不再硬写，跟朋友们一起吃个饭，给他们讲一下人物设定和故事构想，在朋友们七嘴八舌的启发下就能把问题轻松解决。

如果你的身边也有这样有趣的人，吃个饭、聊个天就能让你暂别现实，悄然主宰你所写小说中人物的命运，而不是让你仅仅局限在自己的绩效、奖金为什么没有同事高，昨天婆婆做饭放太多盐这种煞风景的话题上，那你已经比许多人要幸福。

03

那么，怎样才能做一个有趣的姑娘呢？

1. 多沉浸在有趣的人和事里

工作之余，我们要多给自己创造有趣的环境，看高质量的脱口秀节目，刷机智的段子手微博，生活中尽量接触说话有趣、有料的人。

"有趣因子"是择偶的重要指标，能嫁给奎多的人，生活再灰暗都能发光、发亮。这位意大利电影《美丽人生》中的男主角，把纳粹集中营的戕害改编成一个升级打怪赢装备的游戏，换来了儿子没有心理阴影的童年。

自己在耳濡目染中过得舒坦、开心了，做着自己喜欢的事，才不会有牺牲感、心态失衡，才能把正能量延续下去，因为悦己永远是悦人的前提。

2.升级知识、信息储备

读书、看电影、看纪录片、参观展览、旅行、学点冷知识、和不同背景的人交流等，都能拓宽我们的知识面，增长见识。对于未知，我们别双手交叉抱臂，做出一副抵御、防备的姿态。

在便利的互联网时代，寻找公开课、论文、名人讲座轻而易举，我们要积极地参加一些高质量的同城主题活动，看完综艺节目、爆笑段子之后，也看看财经、文化类节目。

3.给经历添加独家配方

我看演讲节目时，发现演讲不只是单纯的口才较量，更是娓娓道来背后那一串串鲜活的见闻和独特的经历。他们获胜的筹码往往是那些不走寻常路的人生轨迹和独家感悟。如果你今天重复着昨天，过着比白开水还寡淡的日子，老了之后，想话一下当年都缺乏素材。

我大学临近毕业时对外贸很感兴趣，于是风风火火地去义乌跨专业实习。在找实习单位时，一家企业想把我外派到委内瑞拉，这件事成了我返校之后的谈资。后来，我在一家专为罗马尼亚提供外贸服务的公司实习，跟着客户学习了一些罗马尼亚语，这也成了我返校后的另一部分谈资。

4. 少些八卦、苟且，多些诗和远方

一旦你沉溺于无休止的家长里短，热衷于荧幕里的狗血剧情和公司里的八卦绯闻，爱嚼舌根，喜欢抱怨，长吁短叹，爱卖惨，擅长传播小道消息，就很容易成为职场眼中钉、生活毒气罐。整天八卦、苟且和经常读书、旅行的姑娘，气质上的差别还是很明显的。

你可以报班学一门外语或一种乐器，去甜品店参加体验课程，和户外运动爱好者一起远足，周末到博物馆里做讲解志愿者，丰富诗和远方的形式，把自己从琐碎的生活中解脱出来，给业余生活寻找一个有趣的支点。

5. 培养高段位的幽默感

喜剧行业资深从业者李新曾对幽默下过一个定义："幽默就是从一个有趣的视角来讲述痛苦和真相。"平时喜欢看脱口秀节目的我渐渐发现，很多厉害的脱口秀演员会把自己的弱点或糗事当成自己的喜剧素材。这让我惊讶于他们即使面对生活的戏弄，也有如此乐观的态度，敢于用自嘲的方式笑着说出自己曾经的难堪。

高段位的幽默感包含着恰如其分的语气和肢体语言，以及对一件事表象之下的深刻洞察，还能够巧妙地揭示出其中的矛盾和冲突，用令人意想不到的叙述方式展现出来，让人笑过之后还有思考。

6. 用个性标签提高辨识度

休闲自由人也好，优雅高冷风也罢，有着鲜明的个性和独特的风格能让你在人群中拥有很高的辨识度，而过分听话顺从、唯唯诺诺、逆来顺受，则会让自己变成小透明。

你可以摄取一些小众、精致的精神食粮，以提高自己的辨识度。你要有自己的评判标准和主张倾向，在尊重他人的同时，也能阐述自己的观点。在别人真诚地向你征求意见时，你要避免高频使用"随便""无所谓""都听你的"等隐形人专用词汇。

7. 有趣是多元的，但也有雷区

不要用力过猛，因为那样会像刻意炫技、哗众取宠，就算你说再多天花乱坠的段子，做出夸张的肢体语言，拿别人的伤疤找乐子，也很可能会成为别人眼中低级趣味的代名词。

假如自身格局小、三观消极，还整天觉得自己是厄运存储器、资深倒霉蛋，必然无趣至极。人们总说"好看的皮囊千篇一律，有趣的灵魂万里挑一"，我不喜欢把好看的皮囊和有趣的灵魂互相对立。我觉得好看的皮囊和有趣的灵魂并不矛盾，也不冲突，它们虽不易获得，但值得追求。

愿我们的皮囊越来越好看，灵魂也越来越有趣。

真正自律的人，更懂得如何休息

01

我经常收到诸如此类的读者提问：你晚上11点睡觉，早上5点起床，坚持了十多年，白天上班，业余写作，出了两本书，平时还做清单、写笔记、读书、运动，你这么自律，难道不会累吗？紧接着，他们又说自己也很想自律，但坚持不了几天就放弃了。

其实，我并没有觉得自己有多么自律，因为我的休息和玩乐安排并没有告诉读者。很多人说，自律的人，他们的人生会开挂。他们的人生会不会开挂我不确定，但我确定的是，没有"休息商"的自律，没等人生开挂可能人就挂了。

在我看来，"休息商"就是对待休息的态度，以及经过高效的休息后，提高身、脑、心绪的活力和创造价值的能力。

很多人在乎智商和情商，但他们的"休息商"是重大硬伤。"休息商"低的人，明明什么事都没干，却总觉得很累；身体容易疲劳，精神难以集中；工作时想着休息，休息时却想着工作；把休息"窄化"为睡觉或玩乐；上班又累又丧，休个周末或小长假，还把自己休出假期综合征。

"累点低"的人很难做到长时间的自律。你如果想持续性自律，就必须先学会休息。你正值青春，别让自己满脸倦容；你这么年轻，别让自己身心俱疲。

02

有段时间我准备出书，那时找工作止忙，回到家后身心疲惫，还要增加微信公众号更新文章的频率，配合新书宣传。但是，一本新书出版的背后是整个出版团队长时间付出的结果，所以就算再累我也要强撑。

于是，我减少休息时间，就算困得睁不开眼，也要默念罗曼·罗兰的话来给自己"打鸡血"："生活是一场艰苦的斗争，永远不能休息一下，要不然，你一寸一尺苦苦挣来的，就可能在一刹那前功尽弃。"

我不敢全然放松地休息，偶尔忙里偷闲也满怀愧疚，因为它很快就会让我自食恶果。好久没"挑事"的偏头痛又来找我了，许久没"发作"的扁桃体也开始变得不安分，运动不做了，书也看不进去，整个人心浮气躁，写出来的文章也不满意，然后又很急迫地想继续写。

有一天，我累到临界点，索性把待办事项全部取消，把手机设置成静音，好好睡了一觉，醒来后看了部喜剧电影，然后出门爬山。山间清澈的空气让我神清气爽，畅快的运动帮我卸下了多余的压力。下山时，我和好友打了一通电话，明显感觉自己的状态好了很多。灵感也自动涌现，我那些自律的项目也渐渐开始复苏。这让我想起美学大师朱光潜说过的一句话："越是聪明的人越懂得休息，休息不仅为工作蓄力，而且有时工作必须在休息中酝酿成熟。"

03

我发现精力充沛、效率高、"累点高"的人，"休息商"都很高。

1. 面对工作的累，你需要阶段性小憩

以我对自己的观察，一天之中，我的精力是随时间递减的，尤其是对于我这种晨型人来说。

根据员工效率检测公司DeskTime（时间跟踪记录软件）的研究，工作和休息时间的黄金分割比例是：工作52分钟，休息17分钟。

工作四五十分钟后，我就走到窗前看看远处，或打开窗呼吸外面的新鲜空气，活动颈椎，扭转肢体。在工作不是很忙时，我会拿

着梳子到洗手间梳梳头，待我归来之时，会再次元气满满。

这种阶段性的小憩有效地改变了我精力衰减的走势，它在精力的整体衰减过程中加入了很多新的小波峰。其中，午休在小波峰中最为出众。村上春树认为，午觉让人能"把一天当成两天，假如人世间没了午觉这种东西，我的人生和作品说不定会显得比现在暗淡"。

2.面对大脑的累，你需要切换模式

现代人的大脑变成了多任务处理器，不是绞尽脑汁，就是胡思乱想，只占体重2%的人脑却消耗着身体20%的能量。

人在高频用脑时，大脑皮质会变得很亢奋。针对这种情况，我认为最有效的休息方式不是蒙头大睡，而是改做其他事情，以切换大脑思考的模式，因为脑海里思绪万千，会导致睡不着。

小时候爸妈常常劝我，你学语文累了可以学数学，学数学累了就看看英语，学英语累了还可以练练字。小时候我不爱听，长大后才发现，这种方法真的有效。写作写累了，我就练练瑜伽；电视看够了，我就出门走走。

其实，写作、练瑜伽、看电视或散步，任何一个状态长久持续都会让人觉得累，但动静相宜，劳逸结合地穿插一番，就变成了休息。

我们做不同类型的事，用到的大脑区域不同，适时地切换活动内容，能使大脑的不同区域得到休息。

3.面对心绪的累，你需要正念练习

《高效休息法》中说，DMN（预设模式网络）会在大脑未执行有意识的活动时自动进行基本操作，相当于大脑的"低速空转"状态，它的能量消耗占大脑整体能量消耗的60%~80%。越有杂念、越想不开的人，越容易觉得身心疲惫。

很多人活成了"人不犯我，我不犯人；人若犯我，我就生气"的状态，不敢生明气，只能生闷气，情绪波动大，内心敏感，活得很拧巴。

在我试过的诸多方法中，正念练习最能缓解心绪上的疲惫。书上说，每天在同一时间、同一地点，进行5到10分钟的正念练习，就能有效缓解这种疲惫。

方法：身体坐直，腹部放松，双腿不交叉，手放在大腿上，你可以闭眼，也可以睁眼看着前方两米左右的位置，感受与周围环境的接触，比如脚底和地板，臀部和椅子等。你要注意呼吸，如果出现杂念，就暗示自己重新把注意力放回到呼吸上。

虽然我做得有点偷工减料，每天只进行三五分钟的静坐，但当我把"呼"放在"吸"的前面，把意念集中在肚脐下方，缓慢呼气，控制气息使之绵长，再自然而然地进行下一步的吸气，我会感觉到身体在缓缓下沉，像在地上生根。这计我更加专注当下，减少杂念，身心轻盈。

4.面对生活的累，你需要优化习惯

标本兼治的抗疲劳方法，我觉得还是需要养成一种不易劳累的

生活方式。

好好吃饭。英国有这样一项研究，安排两组实验者吃奶昔，一组分两次吃完，另一组分四次吃完，吃完一小时后测试他们的反应时间、逻辑分析能力和记忆力。结果，分四次吃完的那组实验者，各方面表现更为优异。因为吃撑了也会让人感觉累，所以我们不要一次性吃太多食物。进食时间尽量分散，较少分量的食物能帮助人体控制血糖水平，对记忆、思考和情绪有积极的影响。

好好运动。歌曲《光辉岁月》是写给南非前总统纳尔逊·曼德拉的。曼德拉在自传中说，身陷囹圄期间，每周一到周五，他会在牢房中跑步45分钟，或者做其他运动。他还说："只要自己的身体状况良好，我就会工作得更出色，思路也更清晰，所以，锻炼成为我人生中一项不可动摇的纪律。"跑步让人清空大脑，爬山让人接触自然，散步让人迸发灵感，瑜伽让人内心平静。人运动过后，疲劳因子仿佛都被带走了。

好好睡觉。很多人觉得自己活得太累，实际上他们可能只是睡得太晚。早睡可以代替很多药物和疗法，但几乎没有药物和疗法能代替早睡。其实你只要做到不把手机带进卧室，就能大大提高早睡的概率。

我们不要只追求暂时的放松，而是要培养一系列良好的生活习惯，改变"累点低"，提高"休息商"。《狼图腾》里说，身体是生存的本钱，休息是狂奔的前奏。好好休息，为自己打造一副坚实的铠甲，然后披甲上阵。

年轻人的矛盾，从人际关系变为"人机关系"

01

生活总会适时给人们一些提示。在某个时刻，我接到了让我反思与手机关系的提示。

一是来自身体状况。我配了没多久的近视眼镜，最近感觉又有点儿看不清了。按摩师按到颈椎时，提醒我低头玩手机会给颈椎造成很大的压力。看来经常玩手机的后果已经深深烙在我的视力和骨骼里。

二是来自朋友提醒。在自律群里，一个女生说，她头晕起来感觉天旋地转，去医院检查，被告知得了耳石脱落症。原来她复习考试经常用耳机听课，用耳过度了。她提醒群友，不要长时间用耳机听课、听音乐。

三是来自读者的留言。从我的微博私信和微信公众号后台留言的数据来看，以前很多读者困扰于与家人、室友、男友的关系。而最近越来越多的读者的困扰是睡前玩手机导致晚睡，复习时玩手机导致分心，上班时玩手机导致工作效率低下。

种种迹象表明，很多人的矛盾正在从人际关系变为"人机关系"——人与手机的关系。不用手机不现实，用太频繁又会打乱生活秩序。而"人机关系"和谐的人，使用手机通常有这样一个原则：少而精。

02

之前我和某公司经理谈完业务后闲聊，聊到小游戏"跳一跳"的朋友圈排名。他说他和老婆不想洗碗时就打开"跳一跳"，一人跳一步，谁跳输谁洗碗，另外一人则扫地。同时，他还分析了这款游戏迅速走红的原因和基础。

50多岁的他工作高效，家庭和睦，喜欢探求流行事物的传播逻辑。我好奇地问他平时是如何用手机的。

他提到了以下几点：

上班时，他若有事就打电话联络，平常关掉流量，有需要时才打开，把各种手机应用程序推送的消息提示设置为屏蔽状态。

下班后，他和老婆一起吃饭、聊天、做家务，收拾完之后，留出一段时间各自玩手机，看到手机里的趣闻会互相分享讨论。

他每年会换一台功能升级的手机，许多功能设计里都藏着用户的痛点和时代发展的小趋势，这对他做决策、分析问题有帮助。

压力较大时，他也会玩手机游戏，但最能缓解压力的方式，是和老家的母亲或在美国留学的儿子视频聊天。

我觉得，他是手机的主人，而不是手机的奴隶。他既会利用手机进行高质量的充电、社交和娱乐，又不会滥用手机，降低工作效率，疏远亲朋好友。他少而精地使用手机，完美平衡了手机带来的利与弊。

03

手机越来越像长在人们身体上的器官，多少人的生活已经被手机控制，甚至奴役了。

有一次，我在网上看到这样一个视频：商场里，一个女生一边走路一边玩手机，结果一头栽进了水池里。有的人总感觉自己的手机在震动，每隔几分钟就习惯性地要看一次手机，然后把提示消息的小红点逐一点开心里才能感觉踏实。很多人都说手机不在身边、电量不足、信号减弱等情况会使他们坐立不安、紧张焦虑。

而那些在自己专业领域内取得成绩的人，是不会任由手机控制自己的生活的。他们会让自己有充分的时间去精进业务，沉淀人生。

我看过日本建筑大师安藤忠雄的随笔。在这位曾任职过哈佛大学、耶鲁大学、东京大学等名校的教授看来，建筑就是设计人们对话的场所。

安藤只有需要打电话时才会拿出手机，他的名片上也只有电话号码。当遇到在电话里说不清的事，或有实物资料需要传递时，他会坐车亲自送达。他觉得移动过程中的"闲暇时间"很重要，可以用来思考各种问题、欣赏路边建筑，能给人带来灵感，而且面对面的交流机会也十分宝贵。

他看着同一个建筑里有人看手机，有人玩游戏，虽然看上去他们都在和外界交流，但安藤觉得这种缺乏自我交流和相互交流的状态很"危险"。

梁文道有篇文章叫"关机的生活才是正常的生活"。在没有使用手机前，他每天花在打电话上的时间不超过20分钟，但如今已增加到40分钟了。他说，手机是一种最能剥夺自由的工具，却总被宣传成"让你自由自在，随时保持联系"的好东西。他曾引用李奥巴伯塔的话说明时间宝贵的道理："对多数人而言，扣除花在睡眠、准备餐点与进食、交通、工作，以及处理杂务上的时数，每天其实就那么几个小时的自由时间。请多加保护自己的时间，这是你最珍贵的资产，请务必以生命捍卫它。"

04

对我来说，手机里有好看的文章、好玩的朋友、好听的音乐、有用的资讯、有趣的娱乐项目、有料的课程，不用手机是因噎废食。但我确实有点过度使用手机了，尤其在我利用业余时间做了自媒体之后，我打着追热点新闻的幌子，看了不少艺人八卦；打着及时了解反馈信息的幌子，经常刷微博和微信公众号后台信息的数据。

在亲手赋予手机很多把时间碎片化的机会后，我的注意力和专注度开始下降，浮躁心和焦虑感却在上升。为了"少而精"地使用手机，我给自己制定了一个"21天养成少玩手机"的小目标，以此来提高自己做事的专注度。

下面跟大家分享一下我的心得和经验：

1. 使用手机时注意姿势

我看手机时，会习惯性地低下头，身体前倾。为了缓解颈椎酸痛、视力下降、听力损伤，我听从了专家的建议：看手机时把手抬高，让屏幕中心与眼睛处在同一高度，避免颈椎过度长时间弯曲；不要长时间盯着屏幕看，不在黑暗中看手机，不在乘车或运动中看手机；看手机时常变换姿势，平时多运动，如扭动肩膀、游泳等。

2. 不把手机带上床

很多人晚上睡不着都是带手机上床惹的祸。他们本想睡前看会手机放松一下，结果反而让自己兴奋得睡不着。

人在晚上意志力最薄弱，玩手机最容易"超额"。

我若不把手机带进卧室，睡眠质量就会很好。有段时间，我睡前喜欢研究自媒体文章，最后看得我思绪活跃，难以入睡。

我如果睡前玩手机，层出不穷的新玩意儿会让我更精神；如果睡前看会儿书，没翻几页就有困意了。

为了睡得好、皮肤好、发量多，请把手机留在卧室外吧，床头仅放闹钟和书籍。

3.尽量少接触手机

为了减轻手机依赖症，涌现出很多对自己下狠手的网友，其中有不随身携带充电宝的，知道手机电量有限，所以逼迫自己不把电量耗费在消遣、娱乐上，而把有限的电量留给打电话、查资料、谈工作等正事上；解锁手机密码时故意输错几次密码，如果连续输错几次密码，手机锁定的时间就会相应增加，手机锁定后就只能接电话，呼出也只能紧急呼叫；每月选择只有几百兆流量的套餐，在公司只进行基本且必要的操作，晚上回到家连上无线网再看新闻、读文章。

我没那样对自己下狠手，只是在工作、写作、看书时尽量把手机放在自己看不见的地方。

4.提高使用手机的效率

我下载了监测手机使用时长的手机应用软件，记录每天手机的使用时长和解锁次数。我并不觉得一味地少碰手机就是好事，每天和爸妈视频通话，和家乡的好朋友聊天，听优质的公开课视频和音频，在这些事情上多花点时间我也不心疼。我真正心疼的是那些低质量的玩手机时间，比如看各家媒体解读艺人出轨的新闻，动不动就反转的文章，或者为影响心情的评论暗自较劲，无聊地玩游戏打发时间……

我要把这些低质量的使用手机时间充实到高质量的现实生活中去。总之，大家是时候好好想想自己与手机的关系了，千万不要让自己成为手机的奴隶。

生活的硬伤，是你从不把干净当回事

01

肖年去日本旅行，第一天到达时，我发现日本空气清新，地面干净，飘落的樱花成了地上唯一的"异物"。路上行驶的车辆像刚从4S店开出来的一样，没有灰尘附着；正在新建或维修的房子外罩着一层布，防噪声也防灰尘；很多建筑外墙是小格的瓷砖，但缝隙之间没有藏污纳垢。在餐馆，看见客人走后，服务员把桌面清洁完毕，连椅子都不放过，一手喷清洁剂，一手用抹布用力擦椅子。

这次六天五夜行，每住一夜我们就换一家酒店，每家都是床单洁白，水槽清爽，干净到连我有洁癖的老公都挑不出毛病。我们乘坐的旅行大巴，司机在阶梯上铺了一块白毛巾，方便乘客上下车时清除鞋底的脏东西。我还仔细观察了这位司机，他穿着正式，衣服熨烫平整，把驾驶室也打扫得一尘不染，物品摆放整洁有序。

回忆自己平时出门在外，就算酒店装潢不错，但卫生方面也常觉得"经不住细看"。住宿的话，需要自己准备铺在枕头上的毛巾，以及消毒湿巾、一次性马桶坐垫纸等；吃饭的话，落座后需要用纸巾蘸热水再擦一遍桌面，吃饭前要拿开水烫一下餐具。

而这次日本之行，我们入住的酒店空间虽然狭窄，但窗明几净，镜子发光，床上、地上完全没有毛发，很多我提前准备的物品都无须使用，在旅店休息变成了一件放松且享受的事情。

虽然在街上几乎看不到环卫工和垃圾桶，但我感觉街上的每个人都是持证上岗的"环卫工"。

02

这次旅行，让我重新审视了"干净"的几重好处：

1. 干净带来好心情

电影《永无止境》里，刚开始时主人公居住的公寓里一片狼藉，水槽里堆叠着用过的餐具，东西杂乱地摆放得到处都是，被褥似乎很久没有清洗过。

主人公的房间和他本身的精神状态、生活状态相吻合，一样的灰暗、颓废，没有盼头和希望。

后来他把房间收拾干净，把垃圾丢出门，把餐具全部洗净。虽然他租来的房间条件有限，但经过打扫、清理，焕然一新，他整个人的状态和心情也瞬间被点亮。

居住环境的干净程度和居住者心情的好坏成正比。以前在大学住宿时，隔壁寝室的室友就经常因为卫生问题而闹别扭，尤其在夏天。我猜大概是因为夏季炎热，都容易心浮气躁，回到寝室看到东西乱放，心里就憋着一股无名火，没有压住就直接爆发了。

相比之下，我们寝室就好得多，那个来自台州的姑娘总会把自己的床铺叠好，书桌收拾得清爽、利索。每次经过她的"领地"，我们都能闻到一股淡淡的香味，而且她每天都会扫地、拖地。

她的主动付出让我这个室长汗颜，但我也不能输，于是我把寝室里的私人区域和公共区域也都打扫干净，其他室友也在耳濡目染下变得爱干净起来。

我每次走进寝室，如果正好碰到有室友在打扫，心里就会感受到一种温馨感和归属感。我们的寝室干净、整齐，个人物品摆放有序，既不畏校方突击检查，又让人心情愉悦。

2.干净带来高颜值

我的一个女同事，她左耳附近的皮肤经常长痘，这让她很苦恼，于是她请我帮她找原因。最后我发现，罪魁祸首是她座机电话的听筒，因为电话听筒上面糊着一层黄白的残留物。那是她平时打电话时蹭上去的防晒霜和粉底液，被定期清理后，她的痘才消停。

我们只要把自己生活的环境，尤其是接触皮肤的环境收拾干净，平时认真洗手，没事别总摸脸，定期换洗床上用品，衣服也勤换勤洗，护肤效果不比各种大牌精华液差。

很多时候我们的皮肤有炎症，环境中那些脏乱差的因素可能就是潜在"凶手"。我以前提过身边两个皮肤最好的姑娘，一个是福建姑娘，另一个是湖北姑娘，两人走的都是简约护肤的路子。她俩的家我都去过，杂物少，显得空间大，地上、沙发上一尘不染。可见，干净的家居环境更能调理出干净的皮肤。

3.干净带来高效率

有档综艺节目叫《女人有话说》，在一期节目中，谢依霖和奚梦瑶到韩雪家做客，被韩雪干净的房间折服了。

韩雪的房间收拾得干净整洁，所有物品摆放得整整齐齐，就连冰箱里的食物也都拥有各自的位置。韩雪说，即使工作到很晚，她也还是习惯把家里收拾干净再休息，因为"凌乱的房间会影响自己的工作状态"。

我深有同感。以前我能接受乱，但不能接受脏，所以经常用酒精擦桌面和其他物品，可我的书桌上和床头柜上会放着很多书和笔。

后来，我试着把书收到书架上，看的时候再拿出来，让桌面尽量保持清爽。从此之后，我感觉自己的思路变得清晰了许多，也更能专注于手上正在做的事，分心的情况减少了很多，同时减少的，还有我的焦虑感和烦躁感。

日本作家高岛美里曾说："成功的人，会将自己的桌子、所有物、日程安排全部打理得井井有条。"

4. 干净带来幸福感

干净的环境真的能给人带来幸福感，这是我嫁了一个爱干净的老公之后得到的人生感悟。他每天都会把自己拾掇干净，回到家先洗手、洗脸，然后换上干净的家居服；每天都会把家里收拾得干干净净，进卫生间要换鞋；擦不同区域的桌子要用不同的抹布；拖地不能来回拖，而是要顺着同一个方向；用玻璃刮水器清理镜子和玻璃，不留下水印；看见台面上和地上有水渍就顺手擦干。

他每天都会擦桌面和拖地，每周会用吸尘器和除螨仪打扫房间。即使是碎片化的时间，他也会用来打扫卫生。我常常担心他会累，想去搭把手。他可能一来担心我写作已经很累了，二来也担心我达不到他的卫生标准，所以总是拒绝我。

我和顾家、爱干净的他一起生活，不仅提升了写作效率，还提高了自己身体的免疫力和幸福感。

03

我常常会在书店看到"人生整理术"一类的书籍，翻看内容后才知道，其实主要讲的是居家清洁、收纳等。原先我还纳闷，明明是整理房间，怎么就整理人生了？

现在我大概明白了，那是明白自己想过什么样的生活。追问自己的需求，探索想要到达的目标，然后留下最需要的物品，日复一日地保持干净，这个过程对自己的整个人生大有裨益。

很多人觉得，生活中大大咧咧、不修边幅没什么不好，甚至还往爽朗、洒脱的方向靠，反而觉得爱干净是娇气、矫情，是没事找事。但我认为，只要没上升到强迫症，爱干净的确是个闪光点。

我很欣赏那些无论身处怎样的环境中，都能自建一块"干净自留地"的人。他们更加勤快，更加自律，也更加热爱生活。海子说："我把天空和大地打扫得干干净净，归还给一个素不相识的人。"我觉得，我们应该尽量把自己身边的一切都打扫得干干净净，归还给那个热爱生活的自己。

社交降级是最好的"断舍离"

01

《晓说》中有一集,韩寒说自己很少参加社交活动。他说:"不是说因为我不能参加社交活动,或者是因为我处理不好社交这件事,我是纯粹意义上的不喜欢社交活动。"

有网友说:"韩寒人在家中坐,钱从天上来,当然可以不用去搞社交。"我觉得网友倒置了因果。不是因为韩寒人在家中坐,钱从天上来,所以才不用去搞社交,而是因为他把搞社交的时间和精力都用在了自己该做的事情上,所以才会"人在家中坐,钱从天上来"。

我发现,每隔一段时间就有新作品问世的人,大多都在"社交降级"——能不参加的社交聚会,就尽量不参加。

每年年底,各种公司年会、同行酒会、私人聚会应接不暇,这时我们更该静下心来,想想"社交降级"的意义。

02

主持人兼创业者的马东说，每年年底是各种"会"最多的时候。公司成立第一年，他频繁参加这类活动，觉得很累。后来，他算了一笔时间成本账，在北京，因为堵车，路上至少要花掉两个小时，如果在外地，那就更麻烦了。

他说："这些活动的本质是浅层社交场合，真的谁要联系谁、交流什么业务，完全不用通过这种方式。"参加这些活动当然也会有收获，但收获不大，不值得花费这么多时间，尤其是在自己工作很忙时，我们完全没必要凑这种热闹。

面对活动邀请，你可以先根据自己的实际情况算一笔账，"它对你的价值是什么""你要付这些活动的时间和精力成本有多大"。

我觉得马东算时间账这点很明智，既然社交不可避免，那就要尽可能地做到精准社交。因为算清楚后你会更加明白，哪些活动应该全力以赴，哪些活动应该"断舍离"。

03

马伊琍说，自从当了妈妈后就不再参加应酬，回家后哄孩子睡觉，然后自己看看剧本，回复工作短信。她说："要找我谈工作就谈工作，不要找我出来吃饭。如果要找个地方坐下来，边喝酒吃饭边聊工作，对不起，我没有空。要么直接聊工作，不要聊别的，如果有重要的饭局要参加，晚上8：30之前我必须回家。"

拎得清的人能分清事情的优先顺序和生活的重心，分得清工作和社交，分得清哪些是重要的社交。就算参加重要的社交活动，他们也会定下回家的最晚时间点。

我是一个对社交有偏见的人，觉得社交普遍低效，甚至无效或负效。因为社交介于工作和友情之间，但两头都很难讨好，黏黏糊糊，不干脆，而且拖沓、低效。相较于工作，社交显得迂回；相较于友情，社交显得功利。

04

一个尊重自己时刻表的人会发光到什么地步？

演员韩雪给自己定了"每天学习三个小时"的任务。有一次录完节目已到饭点，何炅约韩雪去吃工作餐，韩雪拒绝道："我不去了，我要回家写作业。"因为韩雪觉得给自己设定的任务必须要完成。

台湾作家吴淡如曾给自己规定"每周三跑步"。有时朋友还会抱怨："跑步哪有我们重要，你真不够意思。"

吴淡如认为，会这样说的不是我真正的朋友，真正的朋友会尊重我的时间安排，了解我的原则。有时候被半强迫着参加某个活动，等到了现场才发现，自己只是一个不重要的陪客。

你想过为什么地铁站附近的房子比公交车站附近的更贵吗？大概是地铁轨道相对固定，还不堵车，时刻表准确，而公交车偶尔会遇到堵车，到站时间很难固定。

这跟人一样，重目标、重计划、重落实的人，会减少外界对自己的干扰，努力达成自己许下的承诺，这种人就像地铁房一般升值迅猛。

而别人一邀约你就去，担心不去会破坏了别人的兴致、错过了重要的人脉，其实你错失的可能是最重要的个人成长期和增值期。

05

你可能会说：韩寒是文化偶像，不爱社交就不社交；马东是当红老板，觉得不划算就拒绝；马伊琍是实力派演员，晚上8∶30前回家也无可厚非；吴淡如是畅销书作家，可以因跑步而拒绝朋友……

他们都有名气、有底气，当然可以社交降级。可我的经历告诉我，把社交降级省下来的时间用来深耕业务或发展爱好，能让普通的你我活得更有底气。

我的第一份工作是在一家企业的海外部。有一次一个内贸部的同事和我聊天，她羡慕我们海外部的职员外语好、业务精，在聊天软件上跟客户聊聊天就轻松成单了，不像他们内贸部，开发客户主要靠应酬和联谊。

"客户跟你吃饭喝酒时说得好好的，一旦有同行更具价格优势或技术优势，他们就会选别人。能在饭局和酒局上谈成的业务，大多说明可替代性强，给谁都一样，就看谁更能投其所好、伺候周到。"

我曾因为不喜欢社交担心自己过于内向，怕这会成为我的职场短板。当时她的那番话让我相信，职场社交并没有那么重要，核心竞争力才是根本。

我的第二份工作，加班有聚餐，费用可报销。聚餐时，要么听公司"老油条"的职场经，要么听同事的狗血八卦，我发现自己浪费的时间价值远超报销额度。

不管别人怎么看，我都找借口不去了。我回家研究邮件和案例，很快就拿到了部门最高的奖金。

我的第三份工作，最多只接受中午的工作餐，我下班后不参加聚会和应酬，而是回家锻炼、看书、写作、陪伴家人。慢慢地，我有了自己的微信公众号和新书。

就连和好朋友见面的频率也降低了，我们经常见面，说来说去也还是那些内容，不如等对方多积累一些成长和心得，再见面时才能碰撞出更多的火花。

有我想采访的人，我就和对方约好时间，做好功课，打语音电话沟通，方便又高效。

最好的"断舍离"是"社交降级"，舍去那些无效社交，迎接崭新的自己。

当今社会越来越讲究专业，你的应酬和社交很难影响专业人士对你的判断，他们通常连你精心布置的饭局都不想参加。

研究中国式社交应酬，真不如研究业务和爱好的投资回报率高。至于谁坐饭桌C位，敬酒酒杯谁高谁低，知道门道就行，不必沉迷此道。

社交降级不是社交绝缘，有趣、有用或重要的社交，算好时间成本，定好回家时间，与自身目标和计划没有冲突再去参加。

拥有时间的发言权，把更多的时间花在更值得的人和事上，终有一天，你会发现一个更好的自己。

每周读两本书的人生，开挂又开心

01

看了综艺节目《你说的都对》的第一集，我最大的观后感是，每周读两本书的人，活得就像开了挂。

一位嘉宾提到某位经济学家的名字和论文时，主持人蔡康永给他按灯加分，并且另类地夸奖他："你的阅读范围广泛到无聊的地步。"

阅读面和知识面有广度、有深度的人，大多都思维灵活、谈吐有料、自信发光。其实对于读书这件事，每年读一百本书，相当于每周读两本，我们这些普通人，努努力还是能做到的。

02

联合国教科文组织的一项调查显示，全世界每年阅读书籍数量排名第一的是犹太人，平均每人每年读书64本。而根据第十七次全国阅读调查报告显示，2019年，我国成年公民人均纸质书、报刊和电子书阅读量均有所下降，成年公民人均纸质图书阅读量为4.65本，人均电子书阅读量为2.84本，远低于欧美发达国家。这组数据催促着有志青年们，"为国争光"的时候到了。

近三年来，我过着每周读两本书的人生。这并不是学霸或精英的专利，像我们这种上班族，也能毫不费力地坚持每周读两本书。

不常看书的人乍一听，觉得自己做不到，但逐步将其内化为习惯后你会受益匪浅。我推荐"每周读两本书"有两个原因，一是读书很重要，二是频率完全适宜。

03

读书是颜值加速器。

如果你觉得"腹有诗书气自华"听上去有点玄的话，微博上的"春灯公子"有更接地气的解释："读书读得多就意味着出门少，不会被晒；读书读得多就意味着经常犯困，睡眠好；读书读得多还意味着没有机会谈虐心的恋爱，不会因为心事太重而产生皱纹。"

读书是解忧杂货铺。

记得有一次我和老公吵完架后，我进书房，他去卧室，分头冷静。正在气头上的我看到手边有本敞开的书，顺手拿起来就看入迷了。

过了半个小时，老公找我求和，看到正在看书的我早已忘掉刚才的不快，他觉得自己不仅没看书，还白白多气了半个小时。

读书是自卑终结者。

我的一位初中同学，她爸赌钱输了，她妈妈跟别人跑了。有一天，她爸醉倒在街边，被发现时已经过世了。后来，她和爷爷奶奶一起生活。老师同学都担心她会变得内向、自卑，但她的成绩依然名列前茅，阳光开朗。

读了很多人物传记和经典名著的她，并没有在原生家庭的阴影里钻牛角尖，而是转头扎进了精彩纷呈的生活中。

读书真的很重要，因为一本本书就像一节节脊椎，稳稳地支撑着读书的人。

04

台湾地区的文案天后李欣频每天都要读一本书。她说，阅读是最大的资产，没有人可以拿得走，你每天看一本书，一年就能与别人有365本书的差距。

她的身份随着阅读量的增加而增加，广告人、作家、教师、演讲者、主持人……读书不仅让她的事业像开了挂，还让她活得更开心了。

她的家里到处都是书，"浴缸边的书，是我在泡澡时陪我说话的情人；床边的书，是哄我入睡的心灵伴侣；电话边的书，是让我接到话多、无趣又无法打断的电话时，可以暂时把我的耳朵、脑袋假释出来的保释官"。

我也曾试着学她一天看一本书，但如果书籍厚、内容深、时间紧的话，我就会因为做不到而倍感压力，而且对我来说，看得太快容易囫囵吞枣，过目即忘。

后来，我慢慢摸索出自己的读书频率与效果之间的关系。考虑到自己业余时间才有空看书，看完还要梳理读书笔记，经探索与调试，我觉得每周读两本书最适合我。

我喜欢拿出早起的一两个小时或周末这种"成块"的时间来进行阅读，因为碎片化的时间让我感觉好像还没深潜就得浮出，有点进入不了读书的状态。

通常情况下，我在工作日可以不疾不徐地翻完一本，周末抽出半天时间也能看完一本，时间充裕的话还可以多看一些。

05

作为一个每周读两本书的既得利益者，我来分享三点心得：

1. 每个月至少去一次图书馆

我高频地在微博上晒书，曾有读者问我，买书是笔不小的开支吧？

首先，我觉得，一本书通常还没一杯咖啡贵；其次，我读的书，半数以上都是从图书馆借来的。我经常去的图书馆书籍更新较快，图书证借书额度是10本，我每月至少会去一次。

我平时发现想读的书就会去图书馆的官方微信公众号上"馆藏查询"里找，如果图书馆里有这本书，我就会把查询页面截屏保存下来。

每次去图书馆前，我心里会有一个大概的借阅计划，会先去找平时截屏保存的书，然后再去自己感兴趣的分类书架上挑别的书。

我精选出10本书，自助办理借书手续，然后放进图书消毒机里杀菌后再放进书包，背回来慢慢看。每次可能有一两本没看，其余的看完、做完笔记后一起还掉，然后我再去图书馆借。

2. 争取读一本书就有一本书的收获

我读一本书时，会想象和这本书产生一定的连接感，做读书笔记就很有效。如果是买来的书，我会拿各色笔在书上写批注、画重点、记联想；如果是借来的书，我会在草稿本上简单记下内容提示和所在页码，方便读完以后做读书笔记。

除了做读书笔记，我还"不择手段"地创建连接感，比如遇到不同于作者的看法时，我的内心会开展一场辩论赛；看到好玩有洞见的地方，我会讲给老公听，并和他讨论一番；看完整本书后会翻回目录，尽量复述出书的主要内容和框架；看音乐家传记时会放他的歌曲，看建筑师传记时会搜他设计的建筑图；有时还会把书里介绍的方式或方法，有的放矢地应用到日常生活中。

读书时和读书后创建的连接感越多，读书的收获就越大。

3. 从每周读一本书开始

我的一个女同事，以前很少看书，失恋后，常来找我聊天，想让我开导开导她。我借给她几本情感类的书，一开始她不想看，后来无聊中翻着翻着就看进去了。从那以后，她再也没让我开导过她，我猜她在书里找到了比我更懂感情问题的高手。

正如蔡康永所说："去参加一个朋友的聚会，你能够遇到一些厉害的人，但能够遇到讲话惊为天人的人的概率极低。可是，只要你打开一本书，就会立刻被他们吓到。阅读最大的乐趣就是你会读到厉害的世界，里头还有许多厉害的骨肉丰满的人。"

对于很少看书的人，不必一下子就要求自己每周看两本。凡事讲究循序渐进，你可以先从解决自己困境的书切入，根据工作性质和时间安排，从每周一本甚至每月一本开始，慢慢确立每周最佳的阅读量。

不必钻数字上的牛角尖，不必和其他人比较，任何进步对自己来说都意义重大。当读书的感受从有用转变为有趣后你会发现，读书能给人带来内心的安宁、生活的激情和优质的独处时间。

远离浮躁，观照内心，可以获得一种更加高级的开心。每周读两本书不只会让人生开挂，更会让人活得开心。

第三章

对自律上瘾后，
人生就像开了挂

当你遇到真正喜欢的、真正适合的、真正有价值的
事情时，你的热爱自然会体现在用时上。

你以为自律很苦，别人却乐在其中

01

我认为，让我上瘾的不是自律，而是自律带给我的状态。

某个周末，我在家看了一部早年的科幻片——《永无止境》。电影开头，主人公艾迪是个失意作家，他拖稿成性，精神萎靡。黑白颠倒的作息让他看上去十分憔悴，审稿编辑对他很失望。他租住的房间杂乱不堪，女朋友也要和他分手。后来，他吃了颗能提高智商，开发大脑潜力，让人变聪明的益智药丸，立马斩断拖延，变得专注、高效，学习能力和做事效率也得到了极大提升。他的每个细胞似乎都散发着生机和光芒。他打扫房间，码字写稿，外出跑步，衣着干净，斗志昂扬，事业节节高升。从受尽白眼的失意者，变成人人刮目相看的开挂者。

看到这里我很入戏，也很想要这种益智药丸。但益智药丸的药效只能维持一天，艾迪对益智药丸上了瘾。吃了益智药丸，他全天开挂；若不吃益智药丸，除了生理不适，他又会变成那个浑浑噩噩的自己，关键是他再也接受不了这样糟糕的自己了。

现实中没有这么神奇且高端的益智药丸，但它有个低成本、更安全、常见、易得、无副作用的替代品，那就是自律。

自律的习惯就像现实版的益智药丸，一能让人头脑清晰、精力旺盛、生活充实、事业有成；二能让从中尝到甜头的人上瘾，不自律了反而难受。就像电影里的艾迪，不是对药物本身上瘾，而是对药物产生的药效上瘾一样。现实中，人们未必会对自律这一手段上瘾，而更大的概率是对自律之后那种头脑清晰、精力旺盛、生活充实、事业有成的状态上瘾。

02

自律的人更加追求对生活的长久享受，不自律的人只能享乐一时。

我经常写自律题材的文章，总有不少读者会在文章下给我留言。我发现，自律的人和不自律的人快乐的状态、程度大不相同。

有个男生说他在游戏中段位很高，但现实中考试频频不及格，全国大学英语四级考试都没过，担心毕业就失业，但他就是管不住自己；有个新手妈妈说，晚上孩子睡着后，她看手机小视频会看到凌晨一两点，白天无精打采。她知道这样不好，但就是管不住自己。

留言的字里行间都是后悔和拧巴。他们一边享受打游戏、刷视频带来的快感，一边却讨厌打游戏、刷视频后的空虚和自卑，"管不住自己"是他们最深层的无力感。

前年我出书时，发起过自律的打卡活动。一个上海的女大学生坚持晚上微博打卡，或做套模拟题并把错题更正，或先看无字幕美剧再看文本讲解，或读了某本书后认真做笔记，或跑步时闻跑道边合欢树的香气……

我猜她做错题时会沮丧，没听懂英语时会气馁，摘录笔记时会手酸，跑步时喉咙会热辣难受，但从她的打卡图文中，我并没有感受到焦虑或茫然，更没察觉到一丝后悔或拧巴，我感受到的是：过程苦乐参半，事后余味回甘，因为自律的习惯让她获得了稳固的自信和持久的欢喜。

蔡康永是这样区分"享乐"和"享受"的：享乐和享受是不一样的事情，很多人享受的东西并不是快乐。如果你只懂得享乐或只愿意享乐，那你的人生会比较辛苦一点，因为人生并不全是快乐的。一个可以享受各种情绪的人，除了能够享受"快乐"，他还可以享受"克服困难"，享受"失而复得"，他的人生会充满各种可能。如果让他放弃这种感觉，逼迫他只能享乐，那他一定会觉得这是一种巨大的损失。

由此看来，不自律者上瘾的是即时快乐，属于"享乐"阵营，而自律者上瘾的是延迟满足，属于"享受"阵营。

我觉得，享受包含享乐，却远远高于享乐。

03

你以为自律的人很苦，其实他们乐在其中。

很多人习惯拿自己的感受去衡量别人的感受。有人以为饮食清淡很苦，仿佛只有重口味才能唤醒味蕾。

我妈以前口味比较重，从前年开始，她清淡饮食，不碰辣椒、花椒，饮食以炖、煮、蒸为主，这给她的身体带来了明显的变化。

她以前经常扁桃体发炎，常年扁桃体肥大，最初她以为是作为教师每天大声讲话的职业病。但吃得清淡后，喉咙发炎、头疼脑热的频率锐减，而且她也越来越觉得食物本真的味道比调味料好吃很多。

有人认为跑步很苦，回到家只想躺着不想动。村上春树从33岁到现在，每天跑10公里，多次参加马拉松。他说："说起坚持跑步，总有人向我表示钦佩，'你真是意志超人啊'。说老实话，我觉得跑步这东西和意志没多大关联。能坚持跑步，恐怕还是因为这项运动合乎我的要求，不需要伙伴或对手，也不需要特别的器械和场所。人生本来如此，喜欢的事自然可以坚持，不喜欢的，怎么也长久不了。"

很多人总觉得自律是苦涩的，反天性的，那是因为他们只看到了局部。

根据心理学家的研究，自律有三个阶段：前期兴奋、中期痛苦和后期享受。

就拿我"坚持了十四年的早上五点起床"来说，至今都有人问"要不要这么拼，对自己太虐了"。我想说，自律是达到目标的手段，每个人都有自己各阶段的自律行为。

我想在本职工作外分出一个写作的自己，为想做的事早起两个小时，有灵感时打字都能打出节奏感。我在早上看书，记得特别牢，不想看书就做瑜伽或打坐。我觉得早起很爽。

追溯大一时跟着寝室学霸尝试早起，随着能背诵的英语文章越来越多，我感到无比兴奋。天气入冬，天亮得晚，我觉得早起好痛苦，好想窝在被窝里睡大觉，可看着学霸一日千里地进步着，我就想，为什么别人行，我就不行，于是继续咬牙坚持。后来，我渐渐体悟到村上春树说的"跟意志力没多大关联"，一切都是顺其自然的事。你不会跟别人攀比，不再和自己较劲。现在，我一般早上五点左右就会自然醒，冬天或前一天比较累会醒得稍晚一些。

有段时间我身体有点虚，早上五点左右，老公察觉到我已睡醒后，握着我的手希望我多睡会儿，可我翻来覆去，胡思乱想，起床后头昏脑涨，反而更不舒服。我意识到我对早起上瘾了，别人以为我是自虐，其实我乐在其中。我对早起这件事若不是真心喜欢，不可能十年如一日地坚持到现在。

04

清代学者王国维提出读书的三种境界，在我看来，自律也有三重境界。

第一重境界是为了达成目标，不得不适当地勉强自己。正如毛姆在《月亮与六便士》中所写："为了使灵魂宁静，一个人每天要做两件他不喜欢的事。"

第二重境界是在坚持中面对诱惑和惰性，用意志力去克服。正如斯科特·派克在《少有人走的路》中说："自律，就是一种自我完善的过程，其中必然经历放弃的痛苦，其剧烈的程度，甚至如同面对死亡。但是如同死亡的本质一样，旧的事物消失，新的事物才会诞生。"

第三重境界是在自律的过程中发现趣味性，在自律的结果中获得成就感。你会深挖并放大趣味性和成就感，渐渐地对自律上瘾到停不下来。

给自己一个对自律上瘾的机会吧，自得其乐的同时，说不定还让人生顺便开了挂。

如何设计一款自律产品，让它像游戏般让人上瘾

01

曾有个读者给我留言："要是学习能像游戏一样让人上瘾，那该多好。"这句话我一直铭记于心。

一个偶然的机会，我看到一本书，它的名字就叫《上瘾》。

《上瘾》这本书给了我巨大的启发，作者对很多让我们上瘾的游戏、产品和服务做了大量调研后，总结出一个上瘾模型，其中分为四个步骤：触发、行动、奖赏和投入。这个模型能让用户在不知不觉中对产品欲罢不能，产生依赖，成为回头客，逢人就推荐。

我很吃惊，产品经理们把用户的心理情况和行为模式竟然摸得这么透。回想起读者的留言，我突发奇想，我们能不能做自己的产品经理，借鉴上瘾模型，研发并制作出一款让自己欲罢不能、产生依赖、受益匪浅的自律产品呢？

02

结合我自身的经历和上瘾模型，我对如何设计一款令自己上瘾的自律产品有一些心得。

1. 触发

结婚前，除了一日三餐，我很少吃零食；结婚后，老公常买各种零食。我三餐吃得饱，平时也不会饿，眼睛看不到，嘴巴也不会馋。但如果零食高频出现在显眼的地方，有时候我看到顺手就会拿起来吃。边吃边看电视时，我连什么时候吃完的都不知道。我怪老公买零食让我看见就想吃，他反而怪我把他的零食都吃完了。

这让我意识到，家里随处可见的零食就是一个触发点，它成了我吃零食的信号和开关。后来，我在家里设置了零食柜，要老公把零食放在指定的零食柜里，要吃时才拿出来，吃完再放回去。这样我吃零食的频率大大下降。

想要自律的人，可以增加良性触发因素，比如把健身小器材放在显眼处，并且减少坏习惯的触发因素，比如把电视遥控器放进抽屉里。

商业上有些成功的广告，如"送礼就送脑白金""百度一下，你就知道"会引发消费者的条件反射。所以，你可以试着为自己的自律产品设计一个口号，比如"自律让我自由""与其焦虑，不如自律"，后者对我更管用。当内心出现焦灼、浮躁这类负面情绪时，就会让我想到"与其焦虑，不如自律"，这样我就能很快转身去做些自律的小事。

偶尔自律不难，难的是持续自律，所以触发也要具备接续性。你如果希望自己能够持续自律的行为，就要设置接续触发。就像我在疫情期间做饭，做完早餐，就把中午做菜要用到的肉拿出来解冻，这样方便做午餐，且不会导致中午肚子饿了直接打开手机点外卖。

希望自己适可而止的行为就要避免接续触发。比如我喜欢看美剧，如果整季剧集更新完毕，在时间充足的前提下，我会一集接一集地看，看到停不下来。剪辑和编剧在每集结尾处会设置引人入胜的悬念，这个接续触发会让我自动点开下一集。所以，现在我会在一集的中间停下来，避免自己看完一集。

在孵化适合自己的好习惯阶段，用视觉、听觉、口号、情绪来触发很关键。日本小说家中谷彰宏说："人生跟扶手电梯一样，仅仅只要踏出一步，就可以了。"我觉得，好的触发就是迈向自律的第一步。

2.行动

斯坦福大学的福格教授说："行为是在触发、动机和能力的共同作用下产生的。"

触发可能会引发行动。我的经验是：从触发到行动，越快越好。有人喜欢在行动之前大搞仪式感，我认为，就算需要仪式感，也应该尽量简单直接，最好在几分钟内搞定，不要因为太关注仪式感而忘记了真正重要的事。

动机主要分三类：一是追求快乐，逃避痛苦；二是追求希望，逃避恐惧；三是追求认同，逃避排斥。为自己的行动寻找一个动机，并且强化这个动机对行动大有好处。

能力会降低行动的门槛，比如走在路上的我突然想骑共享单车，如果需要下载专门的应用程序，填写烦琐的个人信息，共享单车可能就会失去我这个用户；如果只需简单扫码，一键注册，我大概率会成为他们的用户。面对一个可能的行动，要么提高自己的应对能力，要么降低行动的难度。

行动之后你会发现，各种阻碍自律的事物"扑面而来"，例如一开始用力过猛，对困难预估不足；给自己设置的硬指标，执行时遇到突发情况，都会为你敲响退堂鼓。我觉得，重要的是不要走"要么做十分，要么就不做"的极端，比起不做，只做两三分也是好的。

3. 投入

有人会为喜欢的游戏买皮肤、买装备，为游戏投入的时间、精力和金钱，会让人对游戏更有关联感。游戏存储了你的进步和成绩，要想离开它，就会变得很困难。

这就是《上瘾》一书中所说："用户会因为存储价值而对产品产生更强的依赖性，从而进一步降低另觅新欢的可能性。"所以，我也会为我的自律产品适当地投入时间和金钱。

拿我做读书笔记这件事来举例，为了升级做读书笔记的方法，我专门看了相关书籍，听了付费课程，研究别人怎么做纸质和电子的读书笔记，对比自己原先的思路和做法，借鉴了许多好方法。

此外，我还买了各种精美的笔记本、手账本、笔等文具。如果有人不让我做笔记，让我花的精力和金钱都打了水漂，我肯定会很不乐意。

4. 奖赏

很多让你上瘾的游戏，都会适时地给你心动的奖赏，所以设计自律产品的我们，也要学会给自律以奖赏，不要让自律沦为苦哈哈的鬼见愁。

我发现后置性的奖赏比前置性的奖赏更有效。我通常会在自律一段时间，取得或大或小的阶段性成果后，对自己"论功行赏"。

定期在社交媒体上发自己正在读的书单或运动打卡后，我会将网友的点赞看作对我的奖赏；上周运动做得好，我会约合得来的朋友去喜欢的餐厅美餐一顿；完成上本书的书稿时，我的奖赏是去泰国旅游，而我老公也是我自律的共同受益人。

奖赏会放大自律过程中的美好体验，也会让我更加珍惜阶段性自律给自己带来的赠品，它会鼓励我向更高的目标发起挑战。

用"微自律"化解泛焦虑

01

结婚纪念日那天，我和老公靠在沙发上，把脚跷在茶几上，聊起我们这些年一起走过的日子。

现在的他比我们刚在一起时瘦了10公斤，马甲线若隐若现。8年前，他为了我单枪匹马来到这个城市，忙着找工作，忙着适应新环境。一段时间后，他的不适应和焦虑感像地鼠一样冒出来，他就职的公司论资排辈，他所从事的行业开始走下坡路。那时，我刚开始自媒体写作，每天投入大量的时间，稀释了对他的关爱。尤其在他考虑跳槽的那段时间，有一次我夜里醒来，看到他睁着眼睛看我睡觉，我才知道他夜里听着我的呼吸要很久才能入睡。

我心疼他处在"泛焦虑"的状态下，虽然生活的各个方面都没出问题，但他对每个方面都有不满和焦躁。

他工作上迷茫过，感情上失落过，我和他朝夕相处，却不知道他改变的具体节点，只是通过时间的长镜头，发现他变得越来越好。如果要归因，我认为是他用"微自律"化解了"泛焦虑"。

我因写了一些关于早起的文章后，渐渐被冠以"自律小天后"之名，而我确实也喜欢做计划、写日记、列清单、记笔记。不少习惯有几年到十几年的历史，看上去我的确有副自律的样子。

但我老公从来不早起，不去健身房，不像我一样紧锣密鼓地做计划、复盘。他吃零食、喝奶茶、玩游戏、看美剧。相较而言，如果我算自律的话，他就只能算"微自律"。

02

1. 生活方面的"微自律"

我老公有洁癖，他每天回家后都要换家居服，花不少时间做日常清洁、维护。扫地机器人和拖把已经满足不了他的需求，边边角角他都会用湿毛巾蹲在地上擦。结果他的洁癖把腰累成了腰椎间盘突出，于是他把强迫症改成微自律。

打扫卫生很累，所以尽量少打扫；秉持少买东西，保持清洁的原则；不攒大活儿，从不拖延，顺手就做。

他把保洁工程分解成细水长流的模式，比如拿用过的纸巾吸点水顺便擦拭茶几、路由器、投影仪上的灰尘；洗完澡趁着卫生间里的热气，用擦玻璃器清理镜子。

很多物品或摆件也会占用一定的空间，而减少家里不必要的东西，保持日常清洁就可以变得更加省时、省力。

2.健身方面的"微自律"

他小时候是个小胖墩，我曾见过他高中时穿的裤子，宽大到我的两条腿可以塞进一个裤腿里。

我认识他时他已经变瘦了。这些年来，他把自己悄无声息地隐藏在微自律的屏障里，没有宏大的誓言，没有复杂的计划，却让身材和体质变得越来越好。

他把运动和饮食习惯掰开了、揉碎了，再融入自己的生活中。我们一起看电视时，他拿出健腹轮，双膝跪于垫子上，叠起双脚，动作标准地做运动；或者拿出瑜伽垫，在上面做波比跳。

我们外出买菜或下楼拿快递，他承包重物。我们之前住的地方有电梯，他就会在电梯里把重物当作健身负重器械，一下一下地往上举；现在住的地方没有电梯，他也会边爬楼边举重物，一举两得地锻炼上、下肢的肌肉。

每次低头、弯腰擦完物品上的灰尘，他就会顺便做几组肩背的舒缓拉伸。

他对自己的饮食总有"歪理"。我说喝奶茶会增加糖分摄入，他说他每次点奶茶时都要求少糖、多冰，既解馋又相对健康。少糖是直接减少糖分摄入，多冰是冰融化后会稀释糖分。我说吃油炸食品不健康，他说他每次适可而止，吃完后下一顿就减少热量摄入。

在运动上，他擅长用碎片化时间见缝插针地多锻炼、多消耗热量；在饮食上，他总能找到美味和健康、代价和补救的相对平衡点。

3. 提升方面的"微自律"

工作日，我俩下班回家后会一起吃饭、聊天、看电视，然后接下来的一两个小时我会阅读、写作或锻炼，他会玩游戏或提升专业技能。

我不反感他玩游戏，甚至还会送他喜欢的游戏帮他减压。他仿佛自带防沉迷系统，很少玩联机游戏。他常跟我讲，好游戏堪比好电影，故事设定有新意，制作水平很高端，还能练习英文听力。

他很少报名付费课程，因为他所在的外企培训不少。如果在工作中发现短板，他就会翻出培训讲义和录音一遍遍地复习。他偶尔会刷抖音之类的短视频，看电脑快捷键的操作方法、学习办公软件的隐藏功能、英语学习的短视频，有用的内容重复观看。

累了一天后，回到家还要"苦大仇深"地学习提升，难免有点不近人情。而在玩乐中获取知识点，在消遣中提升业务能力，才是更友好的进阶方式。

4. 感情方面的"微自律"

有时我会故意说他婚前婚后两副面孔，婚前会送我礼物，记得特殊日子，会说浪漫的情话，异地恋期间每周都会给我写邮件；婚后，情人节能送我西兰花就不错了，甜言蜜语和情感仪式已降至最低点。

其实我也只是在嘴上说说，内心并没有真的给他打差评，因为我觉得感情里做到微自律就够了。

我上班出门早，除非他累到没醒，不然他会顶着鸡窝头，努力撑开眼睛送我出门，嘱咐我路上注意安全。我下班回家早，他几乎每天回家时都挂着笑脸跟我打招呼，工作中谁都有压力和不顺，在回家前调整好情绪，是成家后的自律。我怀孕期间，他经常在我睡前对着我的肚子读一段儿童小故事。

虽然他的仪式感和漂亮话少了，但都转化成了实实在在的贴心的行动。

03

他以自己的方式和节奏过上了一种"微自律"的生活。他的微自律不是压抑欲望，而是平衡欲望；不是让自己每一分钟都保持自律，而是用好自律的每一分钟；不是死守自律条条框框的教条主义，而是把自律行为融入了生活。他把微自律坚持了下来，将生活、健身、能力提升和感情都打理得很不错。

在他身上，我看到了微自律那种少即是多、不疾不徐、聚沙成塔的效应。在微自律和戒焦虑之间，我发现了一种简单而令人鼓舞的关联。

现代社会，泛焦虑普遍存在，很多人都听过不少专家的课程，学过很多理论知识，读过许多励志故事，然而还是处于泛焦虑的状态中，担心时代淘汰自己时连招呼都不打一声。

微自律有它的易行性，是自律的降维版本，不难、不苦、不虚，花很少的时间和精力，就能让自己日益精进，一点一点地把自己从泛焦虑中解脱出来。

为什么道理都懂，做事却总是三分钟热度

01

有一次到一位女同事家玩，看到茶几旁堆着她为了养狗而提前购置的狗绳和狗粮。我看着她房间里落满灰尘的盆栽、闲置的画板，忍不住提醒她"养狗可不能三分钟热度"。

我说的"三分钟热度"好像扎了她的心，她调侃自己是"做事三分钟热度"的代言人。

她买了几盆盆栽，真心诚意地觉得绿植能改变心情，结果因为懒得浇水把盆栽干死了；买来水溶性彩铅和画板，信誓旦旦地承诺要好好画画，结果画了几天就丢在了一边；购买了几个付费课程，经过仔细评估后觉得很值，结果没听几节就不了了之；办了健身卡，心血来潮地和马甲线约好不见不散，结果马甲线还没来，自己就撤退了。

她说，三分钟热度真的很费钱，不喜欢的事情坚持不下去就算

了，但连自己喜欢的事情都三分钟热度、虎头蛇尾，被家人唠叨，自己也懊恼。

我在网络上也常收到类似的倾诉：为什么道理我都懂，就是治不了做事三分钟热度的病？

今天我就来说说我的看法和破解之道。

02

1. 珍惜热度，哪怕只有三分钟

南非作家库切的小说《耻》里有这样一句话："一个人30岁以后，很难再产生真正的兴趣。"当时我觉得这句话特别惊悚。我很害怕自己年龄变大后会渐渐失去好奇心，对任何事情都难以产生热情，哪怕是短暂的热情。

史航参加《奇葩说》时，有网友提醒他：这恐怕不是一个明智的选择，因为这并非你想要的东西，辩论太虚，经历才是真实的。

这句话引发了史航的思考：究竟什么才是自己想要的东西呢？后来他想通了，"我这辈子想要的，都是暂时感兴趣的东西"。

所以，我并不觉得三分钟热度是需要被纠正的行为。做人要珍惜热情，哪怕它只有三分钟。如果连三分钟的热情都没有，那活得该多无趣啊。

2.任何坚持，都源于三分钟热度

我坚持得比较有年头的事情有：读书、做读书笔记、写日记等，从小学坚持至今；早上五点钟左右起床，我坚持了十四年；写公众号七年；大学坚持夜跑三年；去年开始坚持写感恩日记……

其实以上这些习惯，都是我从众多三分钟热度的事情里尝到甜头后筛选出来的。我历来秉持着"书不能白看"的原则，所以书里提到有趣、有料、有用的事情，我都会记下来，但凡有条件，我就会试一试。

我听到过有人早上醒来后会记录自己的梦境，我也尝试过；我看到过有人用手账记录每天的生活，我也尝试过。我还给书籍包上书皮，买字帖练钢笔字……

谁的坚持不是从三分钟热度开始的呢？所有坚持都是以三分钟热度为起点，最后踏上了不同的岔路，只是有的能长期坚持，有的阶段性坚持，有的草草放弃。

3.热度存续期应该怎样度过

根据我的经验，很多信誓旦旦地说自己要做成某事，提前买好专业设备、做足仪式感、立下宏大誓言的人，通常会提前透支热情，坚持不到"三分钟"。

而那些一开始只是觉得这事挺有趣，怀着"微精通"心态的人，虽然购买了基础工具，但对自己期待不高、不给自己定任务的人，反而更可能成为最后的赢家。

在热度存续期间，我觉得最重要的一点就是要放大做事的愉悦感。

就拿跑步来说，我边跑步边听歌，音乐的节奏和步调重合，不知不觉就跑了几公里。当自己一遍又一遍地放大跑步带来的爽感时，我就会觉得，做这么爽的事，三分钟哪里够。

心怀远大、志存高远地逼自己去坚持，身体反而会叛逆；用愉悦感和爽快感引诱自己去坚持，自然会上瘾。

4.三分钟后，评估热度是否该继续

其实不是所有事情都值得我们去长久坚持，在错误的道路上坚持，还不如做事三分钟热度呢。

以前我特别喜欢美白，所以我非常注重防晒。几年后，我被检查出维生素D严重缺乏，看到网络上"防晒霜或含有有害成分"的热搜时，我突然意识到，有些坚持其实就是一种战略上的懒惰。

越是长期坚持的习惯，越要定期反思和评估，其中一个重要的节点就是：三分钟热度以后。

我常常会培养一些小习惯或小爱好，经过最初的"三分钟热度"期后，我会问自己以下几个问题：

当初我想做这件事的目的是什么？有没有更好的方式？获得的愉悦、成长、技能等收益，有没有大于时间和金钱等投入成本？

"三分钟热度"就是一个习惯试用装，试用过后再决定要不要"购买"。

5. 从三分钟热度里挑出值得坚持的事去坚持

如果一件事情坚持不下来，就一定有它坚持不下来的理由；如果一件事情坚持下来了，也一定有它坚持下来的办法。

对于从三分钟热度的事情里严选出来的兴趣、爱好和技能，如果只能接触皮毛，不去深究钻研，就会有一种心有不甘的局促。

毕竟进一步有进一步的欢喜，过早结束，实属遗憾，不要给自己贴"三分钟热度"这种负面标签。依据我的经验，从"三分钟热度"转化为"坚持一年以上"习惯的比例有十分之一就很好了。

如果你做一件事只有三分钟热度，很可能因为你对这件事只有三分的热爱，你应该做的是去找你十分热爱的事情。

如果你总是做事三分钟热度，又很想改变的话，我建议你：规定自己在健身领域、技能领域和兴趣领域各选一样，严于律己。

你可以把大目标拆分成小任务，定期反刍获得的好处或进步，找到线上或线下志同道合的小伙伴进行交流，进入"三分钟热度"—"微精通"—"坚持"的良性循环。

当你遇到真正喜欢的、真正适合的、真正有价值的事情时，你的热爱自然会体现在用时上。

为什么自律一段时间就会被打回原形

01

我之前建了个微信自律打卡群，申请入群者需要制定目标，然后坚持三个月。

有一天我在群里让坚持满三个月的读者找我聊心得。其中一个读者说，她自律一个多月就被打回了原形。

她制订了三个月的计划，早上列待办事项，晚上核对是否完成，每天微博打卡，坚持了一个多月。中秋节那几天，因为亲友相聚，她有三天没有打卡，事后有种前功尽弃的挫败感和愧疚感。看着其他成员风风火火地坚持着，受刺激的她主动选择了放弃。

她跟我说，打回原形比维持原状更惨。因为维持原状还可以找没动力、没伙伴等借口，但她即便和很多志同道合的小伙伴身处一处，仍然无法持续自律，就会显得自己很无能。

这个问题太典型了。我来分析一下，为什么总有人自律一段时间就会被打回原形，我认为他们混淆了以下四个方面的问题。

02

1.形式和行动

打卡只是一种形式，它能辅助行动，让自律可视化，充满仪式感和成就感。但形式并不等同于行动。

行动是自律行为本身，在时间允许的情况下，形式也应该好好做；在精力不足的情况下，你就尽量弃形式而保行动。

女生很容易混淆形式和行动。我的一位女性朋友头了效率本，偶尔几天忙到没时间记录，差一两页她还会补一补，连续忙几天，空白好几页，她索性就把效率本束之高阁。

我也遇到过类似的困扰，但后来想通了，效率本只是给自己看的，它的使命是为我服务。假如某天某件重要的事情临近截止日期，拼命都做不完，我就应该把写效率本的时间拿去争分夺秒地做那件重要的事情。

为了形式上的完整而浪费时间和心情，是本末倒置。

我读中学时写作文，作文本越写越薄，因为我每写错一个字就撕掉那页重写。后来我发现，我获得高分的作文书写往往并不工整，因为我把精力都投入到了文章的内容上，而撕掉再誊写，工整的书写也掩盖不了错置精力后内容不佳的事实。

我以前看过《神奇手账》，作者是细致万分的"手账控"，事无巨细地计划并记录着生活和工作中的大小事务。他的手账如同艺术品，四种颜色搭配得当，段落整齐，字迹娟秀，让我感觉空上几页都显得违和。但他说："休息时内容为空，直接把那页涂上绿色边框。"我反而觉得这样的手账更加真实、可信，更有留白的美感。

别因为形式上的强迫症让自己背上更多负担，如果你觉得空着别扭，就写个生病、太忙之类的备注。当形式变为负担时，更为关键的是要保住行动。

2. 感受和事情

还是以本节开篇的读者为例，事情是她在三个月的自律周期里计划要做的具体事情，感受是她在中秋假期对自己的放松，让她产生了挫败感和愧疚感，荒废了之前的努力。她萌生的消极感受拖垮了她继续行动的动力。

既然训练周期是三个月，那就做满三个月再谈感受。训练期间会有各种感受，但她不应该因为感受而耽误事情。

《5秒法则》里说，每个人都有需求，实现需求需要行动，但需求和行动之间不是直接关联的，中间还隔着感受。书里推荐的"5秒法则"，就是需求在出现时，刻意屏蔽掉感受，直接关联行动，夺回自控权。

假如你出现在喜欢的作者的签售会上，当作者演讲完毕进入提问环节时，你特别想问一个困惑自己多年的问题。你的需求是得到答案，你的行动是举手提问。

认识到需求后，却冒出一系列感受：当着那么多人的面，说话结巴怎么办？今天没有好好打扮，我该怎么办？作者听到我的提问，会不会觉得我很傻……

大脑为了延缓或阻止行动，也是用尽了一切办法。

在明确需求和展开行动这短短的窗口期，如果你任凭感受摆布，开始很想提问，但思考过程中又担心各种问题，最后遗憾或庆幸自己没有提问，那么你的生活将充斥着不胜枚举且未经验证的感受。感受也会消耗能量，很多事情与其用感受猜想，不如用行动证明。

3. 手段和目标

你以为的自律，只是你实现目标的手段之一。

很多人不是为了目标而自律，而是为了自律而自律。

在健身真人秀《哎呀好身材》里，有一次张天爱三天没睡觉，还去健身房做重量训练，动作没做完，任务也没完成。教练说她体力明显下降，她也不坦言自己已经三天没睡觉。

嘉宾王菊和凌潇肃忍不住提醒，睡眠不足还去健身，简直是拿身体开玩笑。

看到这段时，我心里很困惑，一个人在三天不睡的情况下，最缺的就是睡眠。我觉得她的目标应该是要调整到最佳状态，而不是为了运动而运动。

有的人半月板（在胫骨关节面上的内侧和外侧的半月形状骨）损伤了还要跑步，早起没精神还要早起，在这种自虐中自我褒奖、自我感动，却忘了最初的目标是通过跑步把身体锻炼得更健康，是通过早起把精力协调得更饱满。

有段时间，我要用碎片化时间锻炼核心肌群，规定自己每天做二十个健腹轮，工作再忙、肌肉再酸也要做。有时为了尽快做完，导致动作简单又不标准。

有一次推轮走神，没控制好健腹轮，导致轮子滑了出去，我摔在了地上。事后，我反思自己每天在"伪达标"中努力，为了完成任务量而运动，忘了初衷是有效锻炼核心肌群，后来我改成了做平板支撑这种更适合自己的方式。

如果你没能持续自律，先别沮丧和自责，而是扪心自问：自己的目标有没有改变，是否有更好的方式存在？如果目标改变了，就要相应地改变手段；如果手段欠佳，就要适当地优化。没有经常回顾目标，没有定期优化手段，在一成不变的举措中自我安慰、自我满足，也是一种懒惰。

4.参考和定位

简书上的一位朋友，她一天写五百字，很佩服作家严歌苓有军人般的纪律，一天能写六七个小时，这让她望尘莫及，深感沮丧。

我猜她一天写五百字应该不是全职作家，写作可能只是她的个人爱好。而写作作为严歌苓的职业，正如那句话所说，别用你的兴趣爱好，去挑战别人吃饭的本事。佩服归佩服，但还是要回归现实。

随着自我认知的日渐精准，随着对自律程度的逐步了解，或因早起的惯性，我被网友封为"自律小天后"。我曾因为这个头衔吃了不少苦头，身体不舒服还要早起，没价值的书也要做笔记。

后来我渐渐意识到，这些只是外界的标签或误解罢了。我要清醒地识别出，哪些反馈不是真正的自己。我一直觉得毛姆在《面纱》里说的"二流货色"就是我，因为我有各种各样的毛病和弱点，意志力和勇气也不够，但这才是我。

有时候外界的反馈会干扰我们对自己的定位，你千万不要把别人眼中的自己当成真正的自己。

你在找准自我定位后，再选择参考对象。

如果你是自律的门外汉，你可以对标初级自律者。如果你妄想直接对标极端自律者，那只会加速你从入门到放弃的决定。

自律这条路，我的经验是：

区分清楚形式和行动，遇到冲突时，优先行动；

区分清楚感受和事情，两者互搏时，先做事情；

区分清楚手段和目标，养成习惯时，紧盯目标；

区分清楚参考和定位，盲目学习时，做好定位。

在慢慢走出以上四个困局之后，你会发现，越自律，越自在。

伪自律正在麻痹你的人生

01

一位读者告诉我，为了早起，他参加了一个早起打卡群。每个人进群之前会先交一笔费用，然后每天在规定的时间内完成打卡，到了月底，没有坚持打卡的人所交的费用会被没收，最终这笔钱会奖励给那些每天按时坚持打卡的人。

他不想让自己交的钱打水漂，于是硬着头皮早起打卡，结果一整天都精神欠佳。后来他定好闹钟，打完卡后继续睡。

我觉得这种伪自律式的打卡，把"早起顺便打卡"本末倒置了，因为这种打卡只能证明你早起过，但你并没有真正好好利用早起的时光。

现在很多自律的人都属于伪自律，比如：

摆拍式自律：健身房一身运动装，却妆发整齐，一会儿骑在动感单车上单手自拍，一会儿调整手机定时自拍，一会儿又让旁边的人帮忙拍照。

跟风式自律：今天跟健身博主练马甲线，明天跟体态博主练天鹅颈，后天跟手账博主做手账，兴趣来也匆匆，去也匆匆，浅尝辄止，三分钟热度。

自残式自律：一位朋友业余报考职业资格考试，考前临时抱佛脚，夜里挑灯夜战，要么用冰水洗脸，要么就去没暖气的阳台站着学习，结果还没考试就病倒了。

注重形式的"打卡式"自律，自欺欺人的"摆拍式"自律，虎头蛇尾的"跟风式"自律以及消耗身体的"自残式"自律……在我看来都是伪自律。

所谓伪自律，就是你做不到为了清晰明确的目标而持之以恒，而是过分追求形式感和仪式感，用表面上的自律来回避效率的追问。

伪自律，从好的方面来说，可能是自律的初始阶段；从坏的方面来说，可能会把你困在低效率的自律里。

02

黄执中在《小学问》中说道，很多人在改变自己时，会陷入"do，have，be"的行为模式误区。do——做什么事情，have——得到什么东西，be——成为什么样的人。

比如，你问某人为什么要减肥，他说他想瘦下来（do），有个马甲线（have），然后成为一个有自信的人（be）。

这种模式在心理学上并不成立，因为就算一时之间改变了行为，拥有了想要的状态，但本身并没有改变，可能只是从没自信的胖子变成没自信的瘦子而已。

黄执中建议尝试"be，do，have"的模式。你在开始就想着成为一个有自信的人（be），想象自信的人更可能做什么（do），以及会拥有怎样的状态（have），这样自然就改变了。

03

如果在目标（be）、行动（do）和收获（have）这三个环节映射出下面这些迹象，你就要小心你的自律是"伪自律"。

1. 在目标（be）层面

我的一个大学同学，曾把手臂上的皮肤高高拎起，哀号那是她暴饮暴食、忽胖忽瘦的代价。她大学时男友每次说她胖，她就不吃主食，做各种运动；放假回家后，她爸妈心疼她太瘦，于是她在补偿心理和自怜情绪下报复性狂吃，并笑称"身体发福，受之父母"。

前年聚会，有人问身材颇好的她是不是又在突击减肥。

她回想了自己在学校减肥、回老家增肥的大学时光，在男友眼中胖，在爸妈眼中瘦，对身材的量衡都源于外界。

工作后，有一次体检她被查出有"三高"。她震惊自己20多岁的年龄竟然有40岁的身体状态，抵抗力弱，内分泌紊乱，于是迫切地想要追求健康。

后来，她饮食、运动、睡眠、心情多管齐下，体质变得越来越好，还顺便养成了易瘦体质。

她曾经的间接性自律是伪自律，那是她接收到别人的评价后做出的应激反应，更像他律。自律的参照物是自己，是比过去的自己更优秀，是建立在主观意愿上凝聚着自我价值取向和审美倾向的自我管理，其续航力更持久。而他律的发言权是外界，经常变来变去，众口难调，因为你无法让每个人都满意。而强迫自己把人生活成别人期待的样子是很痛苦的。

做事三分钟热度，说明你对目标也只有三分热情。你从来没有思考过，自己到底想要成为怎样的人。

2. 在行动（do）层面

有人问我："早起对我来说并不难，难的是起来那么早，却不知道该做些什么。"

以我的经验，早起是实现自我愿望的手段之一。读书时，我为了学习成绩好一点而早起；初入职场，为了让工作尽快上手而早起；现在，为了工作和写作两不误而早起。

我不会为了早起而早起。在身体疲惫时，为了保持工作和写作的良好状态，我会让自己多睡一会儿。因为我知道，如果睡眠不足，那我工作和写作的状态都会变得很差。

我观察过长期早起的人，他们大多是为了喜欢的事情而早起，没有一个是为了早起而早起。

为了自律而自律，有两种可能：一，偏执到忘了自律的初衷；二，假装自律能产生踏实感。

以前大家热衷装不努力，明明通宵备考，却非要说自己根本没看书；现在流行装努力，明明根本没锻炼，却偏要摆拍出一副很努力的样子。

3. 在收获（have）层面

我身边一位有两个孩子的女同事，年过40却依旧身材紧实。有一天我向她询问身材管理之道。她答："每天一万步。"我反驳说，自己每天也会走一万步。

她说她看到我午饭后在楼下走路，边走边看手机。她说她回家后出门倒垃圾时，会换上运动鞋在小区里快走。

她对照着自己看到的相关文章，把"每天一万步"发挥出最大功效，学着把手臂甩到极致，步调调至快走，不听歌，不思考，把注意力都放在呼吸和心率上，走到身体微汗、脸颊微红时才停下。

同样是走一万步，她锻炼了心、肺和大臂，而我只是在机械地计步；她全神贯注，我一心多用，效果大不一样。

她给了我一个启示：不必抓住每个时刻去自律，而是要抓住自律的每个时刻。

上学时有抄板书抄得异常整洁，但老师提问一问三不知的同学；现在身边有常在朋友圈晒书，问他内容却讲不出来的朋友。

我见过很多牛人看完一本书后，都会把书中复杂的概念用自己的话复述一遍，或运用于生活，或在网络上分享，其中都有他们内化和思考的内容。

我想，自律应该引入绩效管理的概念，查阅科学的方法，摸索精力曲线，经过多次微调后，找到最适合自己的方式，争取获得事半功倍的效果。

04

写这篇伪自律，我绝没有趾高气扬地批判谁的意思，只是想戳破自律里的泡沫。

我觉得自己也有伪自律的时候，会定期要求自己阶段性地停下来反省三个方面：在目标方面，我现在的目标是回应自己的期待，还是为了满足别人的期待；在行为方面，我现在的行为是回应自己的目标，还是为了缓解自己的焦虑；在收获方面，我现在的收获和付出是否成正比，未达预期又该如何有效改进。

多少人在"自律能让人开挂，自律能给人自由"这样的口号下，开始了风风火火的自律之旅。但我们要清楚：自律能让人开挂，但伪自律不能；自律能给人自由，但伪自律不能。

早上五点起床，坚持十四年，会怎样

01

"一个台灯，一台电脑，一杯水，早上的时光静谧而奢华，每天早上五点左右起床，今年已经是第十四个年头了。"

我发了这条微博后，收到不少点赞，其中有人说："自律得让人肃然起敬。"网友真是过奖了。

我刚开始早起时，并没有意识到这是一种自律，更没有意识到早起会改变我的人生轨迹。

早起这件小事，虽不值一提，但坚持了十四年，连我都有点佩服自己。

这些年，我写的早起文章、发的早起微博，吸引了不少志同道合的人：很开心有人因为我而打开早起的"试用装"，并跟我探讨早起的困难；有人通过微调让早起变得更加高效，也有人发现自己并不适合早起；更开心有人阶段性地向我反馈，因为坚持早起，成绩得到提升，工作中得到重用，精力变得更加旺盛，离梦想更近了一些。

坚持了十四年后，我对早起这件事有了更深的理解和依赖。我想满怀仪式感地纪念下我和早起的"象牙婚"。

02

早起这个好习惯是我在大一时正式开始的。

大一上学期成绩公布后，我排名在全班倒数十名之内，大学英语四级考试的分数出来后，女生中几乎就我没过。平时口出狂言说高考发挥失常才沦落至此的我脸上有些挂不住，于是开始跟着寝室学霸早上五点起床。

从那以后，虽然学校每天的课时安排和大一时差不多，但我喜欢的美剧依旧一集没落下，搞笑的综艺节目也是每集都看。而且从专业奖学金拿到国家奖学金，大学英语四、六级考试、商务英语考试、物流管理中级证书我也都考过了。

毕业至今，不管工作换了几份，朋友换了几拨，从南方搬到北方，从单身变成已婚，从业余写作到出书，一直陪伴我的，都是早起。

从前那个临时抱佛脚、三分钟热度、拖延症晚期的我已经渐渐消失，蜕变成如今做事有计划、工作任务总能提前完成、工作爱好两不误的人。

谢谢你，十四年来，那个坚持每天早起两个小时的自己。

03

这篇文章重点说持续十四年的"长期早起"。

心理学家将自律分为三个阶段：前期是兴奋的，中期是痛苦的，后期是享受的。我觉得早起也有这三个阶段。

早起的前期是兴奋的。

刚早起时，我觉得早晨风景真好，春天鸟语花香，夏天难得清凉，秋天秋风送爽，冬天静谧安详。

我惊喜地发现，早上大脑的效率特别高，经过一夜睡眠，记忆力显著提升，分析问题能用平常1.5倍的速度进行思考，没有外界打扰，也更容易进入心流的状态。我像一个天降巨款的暴发户一样兴奋。

早起的中期是痛苦的。

开始早起后的第一个冬天我根本起不来。冬天天亮得晚，天气寒冷，我沉醉在温暖的被窝里无法自拔。

但我想起学霸室友大学英语四级考试的分数已经那么高了，还风雨无阻地早起，我凭什么惯着自己？于是我咬牙起床，和她一起冒着刺骨寒风，沿着昏暗的路找教室学习，手指冻得僵硬。当然，现在搬到北方以后，有了集中供暖，冬天可以"无痛"早起了。

早起的后期是享受的。

早起过了中期，就不再需要用到"坚持"这两个字了。我已经潜移默化地微调了生物钟，以前需要闹钟和毅力，现在已经能自然醒。晚上九点多睡，第二天早上四点多我就会自然地醒来；晚上十点多睡，第二天早上五点多我也能自然地醒来。

每个阶段的早起时光，都帮了我大忙。入学时期，主要是朗读英语，我曾把《新概念英语3》背得很熟。

工作之初，我早起主要是看专业书籍或职场书籍，让工作尽快上手；工作熟练了，就开始看各种自己喜欢的书，后来慢慢走上了写作的道路。

以前我看重早起的仪式感，泡杯花茶，看日出，打个坐，看本好书。近一两年，我早上醒来很少碰手机，喝水润喉后，二话不说就进入写作状态。我喜欢早起的生活，在这个时段，我灵感"茂盛"，效率极高，可以心无旁骛、事半功倍地做自己想做的事。

早起的我晚上容易犯困，晚上九点或十点就困了，早早睡觉还能避免晚上瞎想。晚上想太多容易拉低幸福感，白天觉得事不关己的破事，晚上也容易被想得消极、灰暗。我觉得自己越来越不玻璃心也有早起的功劳，因为玻璃心的高发时段我已经睡着避开了。

总之，早起前期靠新鲜，中期靠自制，后期靠喜欢。长期早起对我的改变不只发生在生物钟和事业运方面，就连性格都优化了。

04

你想要的安全感，长期早起就能给你。

每天4：45起床的美国海军海豹突击队指挥官杰克·威林克，总觉得世界上有个敌人在等着跟他交锋。每天一睡醒，他就问自己，现在做什么才能为那个时刻做好准备。"早起让我获得一种在心理上战胜敌人的感觉"，他的这一精神感染了很多美国人，这也是推特上"4：45起床俱乐部"的由来。

你想工作、爱好两不误，长期早起就能帮你实现这个小目标。

呆伯特系列漫画的作者斯科特·亚当斯，他的漫画已经遍布65个国家，被翻译成25种语言。他写博客，画漫画，出书，高产得不像话。

他原本是办公室白领，刚开始画漫画时，每天早上四点起床。他早起后的流程完全固定，连早餐都不变，清空大脑后就开始寻找素材和灵感，然后画画或者写作。

你想提升身体的素质，长期早起就能助你一臂之力。

常年在凌晨四点半或五点开启一天生活的美国甜心詹妮弗·安妮斯顿，每天早上都按同样的顺序做五件事：用一片柠檬泡水，洗脸，冥想，吃早饭，健身。

长期早起，会让你遇见一个美好到想都不敢想的自己。

如果你也对那个自己心动的话，建议以15分钟为单位，循序渐进地解锁早起这种生活方式。

研究发现，确实有人不适合早起，就算是晨型人，也不一定要在早上五点起床。至于要不要早起、几点起，怎样把时间分配、效率、精力调整到最佳，只有自己试过才知道。

我在东部地区早上五点多就能自然醒，回到西部地区的老家后要到七点多才能睡到自然醒。可见，早起不是一蹴而就的，更不是一概而论的。

大一我开始早起时，并不知道有没有意义，是十几年如一日通过早起提升了自己，让一切变得有了意义。

著名投资家查理·芒格说："学习让你每晚睡前都比那天早上醒来时聪明一点点。"对我来说，每天上课或上班前，我就已经比早上起来时更优秀一点了。

职场女性的日常精致饮食

曾有读者向我诉苦：大学毕业后，到北方某个酒文化盛行的城市闯荡，突然从饮食清淡的学生妹变成国企试用期员工，压力大、加班多，经常在外面吃饭，不时还得喝酒应酬，导致肤质直线下降，身材日益臃肿。

我想起自己刚毕业时，将拮据的收入扣除房租、水电、网费等刚性支出后，生活费所剩无几。当时的心思也总是放在开发客户、提高业绩上，"随便吃点"成了我顺理成章对生活的妥协。忙起来经常错过饭点，加班结束后才吃晚饭，没了外卖就难以续命，压力大时暴饮暴食，有时便利店的咖喱鱼蛋都能抵一顿饭，心情不好时汉堡我也能吃掉两个。

在外面吃了一段时间后，我感觉自己的体质明显变差，额头冒痘、面有菜色。当时有几件事给我敲响了警钟：牺牲健康，谈何拼搏？

一是一位比我大几岁的同事查出患有鼻咽癌。我记得他以前常带午饭，饭盒里经常有腌制食品。二是我经常中午光顾的餐厅，门口挂满荣誉牌匾，却被曝使用地沟油，已停业整顿。三是那段时间我抵抗力低下，一会儿支气管炎，一会儿睑腺炎。

于是我决定要好好吃饭。虽然上班族确实有无奈之处，但办法总比困难多。

1. 下班尽量在家做饭

就拿我现在来说，如果准点下班，我就到菜市场买菜。煮饭时，大米和糙米是基础米，睡眠不佳就再放点小米，消化不好就再放点燕麦，见机行事，自由搭配。一般我会炒两个荤素搭配的家常菜。

如果身体太累或下班太晚，我就买铁棍山药和玉米，蒸熟就能吃；或者配好五谷杂粮放进豆浆机，营养米糊一键搞定。

在我看来，很多人并不是没时间、没精力，只是懒得做。半年前的食物塑造了今天的你，顿顿与垃圾食品为伍，是给你以后的体检报告埋雷。

我厨艺不高，所以会拿好的食材来弥补厨艺上的短板。家里有好几种小瓶装的食用油：芝麻油、花生油、山茶油、橄榄油、巴马火麻油，一顿饭的两个菜，我会用不同的油做。各种有机的五谷杂粮将近十来种，经常换着吃，降低重复率。有段时间我还托朋友从生态保护区的农场帮我买鸡蛋。

我很少买昂贵的护肤品，但在食材方面十分舍得花钱。再贵的护肤品都很难渗入真皮层，经过五脏六腑的食材才是人体细胞最直接的养分。

2.在外面吃快餐应该如何避坑

快餐是很多白领午餐的选择，而伤害最小化、健康最大化的饮食原则是"四少"——少油、少盐、少糖、少热量，落实到细节就是：

少油：以清蒸、余烫代替油炸、油煎；

少盐：吃快餐、吃面时，尽量不要额外加酱料、食盐、酱油等调料；

少糖：远离含糖饮料；

少热量：尽量点小份，不必把汤汁喝完，七八分饱足矣。

中午点餐时，考虑下晚餐吃什么。如果晚上有应酬，午餐就多吃素菜。

我心中菜式健康度的排名是：日式>中式>西式。但平时我还是以中餐为主，尽量选择知名连锁店的粤菜餐馆。如果吃西式快餐，我会点全麦面包+火鸡胸肉+新鲜蔬菜的三明治，并叮嘱店员酱汁减半。

我身边不乏啃着鸭脖还骂食品安全有问题、吃着麻辣烫还忧心转基因食品问题的人，宏观问题需要关注，但个人微观层面更需要重视。

3.点菜时需要遵守哪些准则

我的点餐大法里最重要的准则是，做法比食材更重要。

比如豆腐是优质蛋白，可饭店里的家常豆腐一般是先炸再炒，油脂和热量较高；土豆脂肪含量低，但炸土豆、拔丝土豆、地三鲜的脂肪含量就会很高；鱼是低脂肪、高蛋白的健康食物，但煎鱼、炸鱼、烤鱼，很可能会在烹饪过程中产生不健康的物质。

凉拌、蒸、炝、炖等无油或少油的烹调方法相对健康，而煎、炸、油焖、烧烤的做法不仅会破坏食物的营养成分，还会产生致癌物。例如肉类经油炸后会产生杂环胺，肉类经烧烤后会产生苯并芘，谷薯类淀粉经油炸后会产生丙烯酰胺。

所以，点菜时，蔬菜最好凉拌或清炒，吃鱼最好清蒸，肉类优先清炖，海鲜选择白灼。关于饮料，不喝最好，玉米汁、黑米汁、豆浆次之。餐后的点心或甜点适可而止，尤其是酥皮类、冰激凌等高热量食物要敬而远之。

4. 应酬时怎么吃才相对健康

工作场合可能会有喝酒等应酬，就像文章开篇的毕业生问到的问题，如果眼看就要迟到了，能预料一进餐厅就要自罚三杯，那路上一定要吃点东西垫一下。

如果你像我一样，觉得喝酒伤身，看不惯别人强行劝酒，但又不好当场发作，我有些借口可供参考，比如可以故作遗憾地说："我准备要宝宝了。""我生病刚吃了头孢。""我酒量很差，上次吐了领导一身。"如果对方依旧不依不饶，那首选红酒，每次少倒一点，缓缓下肚，不必豪迈地拼酒。

我们在应酬时聊归聊，大脑里别忘了关照自己的身体这根弦。吃饭顺序依次是汤、青菜、米饭、荤菜，肠胃不好就不要冷热交替、甜辣轮流，多聊天，少进食，你可以选择螃蟹这种吃起来花时间，但进食量有限的食物。

5. 如何在自律中达到自适

我有个身材很好、脸蛋白里透红的同事，她在吃这方面特别自律，每次和她吃饭都是我偷师学艺的好机会。

比如菜里有勾芡、糖醋等做法，她会用筷子或勺子把浓稠的汤汁刮掉后再吃；火锅只吃清汤锅，会把高热量的芝麻酱换成没油的海鲜汁；她吃饭见饱就收，细嚼慢咽，说身材好的程度和进食速度成反比。

我曾问她，这么克制饮食会感到痛苦吗？她说："我不克制饮食才会痛苦。"

有人觉得，一日三餐，连吃饭都那么多条条框框，在色香味俱全的美食前还强忍欲望，实在是辜负了人类进化千年、站在食物链顶端的地位。可是我亲自试过，自暴自弃放任饮食后不久，就发现整张脸都"此颜差矣"，连续几顿都吃重口味的麻辣锅后，会觉得口干舌燥；吃多了超市的预包装食品，打嗝都会有那种食品的味道。所以一个人在自律中达到自适，才是最好的状态。

我不会去随意效仿艺人的苛刻饮食，也不会跟着报刊上的瘦身餐胡吃。我不强求自己要多瘦多有骨感，而是通过控制日常饮食和有规律的运动把身体的根基打好，偶尔吃顿"不健康"的美食也不必心存愧疚。

健康、稳定的饮食习惯就像一个空调，偶尔外面有冷空气或热空气进来，也能很快变成设定的温度。

总之，食物会日积月累、由内而外地塑造我们的身体。我们既要好好工作，又要好好吃饭。为了自己的健康和未来，我们要多埋惊喜，少埋雷。

健身是唯一能媲美"多喝热水"的万能药

01

美国脱口秀演员艾杰西有个段子："中国人把开水当作什么病都能治的万能药，我咳嗽了，他们说喝点开水；我骨折了，他们说喝点开水。中国简直应该出口开水。"

仔细一想，身边的亲人朋友听到我们上火了、不舒服、不开心，好像真的会本能地建议我们多喝热水。在我眼里，唯一能跟多喝热水媲美的，也只有健身了。

就拿我来说，健身对我的体质、样貌和性格有着显著的影响。

1. 小学

我小时候体质不好，头发黄，身体瘦，心脏有杂音，医生建议我不要做剧烈运动。病人人格的自我植入让我逢体育课就请假。

小学四年级时，因为身高"过人"，我被老师挑选到篮球队。

父母觉得我体质太差，需要锻炼，嘱咐老师多多关照后，就让我去练习打篮球了。那时，我每天早上六点半开始体力训练，要么跟着队伍去公园跑步，要么绑着沙袋做蛙跳。下午四点下课后，接着训练球技，运球、投篮、分组比赛。

那段时间的训练，让我的心肺功能提高了许多，生病频率也有所下降，并且感觉自己变得特别有活力。运动量大，饭量也随之增加，皮肤还被晒得黝黑。

2. 中学

进入初中校园后，我就没有练习打篮球了，每天上学、回家都坐公交车，课业也比较繁重，体育训练戛然而止，可我的饭量依然很大，因而身材迅速往横向发展。脑力劳动过量，而体力劳动匮乏，我的体质迅速下降。记得高二时有一次测试800米跑，我居然昏倒在了跑道上。

3. 大学

身体终于有时间回应变瘦的想法了，在月黑风高的晚上，我裹好保鲜膜，去操场跑步，400米环形跑道，慢跑10圈。为了减轻枯燥感，每次跑步时我都会戴着耳机，感受着脚的落点和音乐节奏的完美重合，越跑越兴奋。

跑足10圈后，变跑为走的那个瞬间感觉太棒了，我仿佛能感受到武侠小说里那种经脉打通、热气升腾的感觉。之前跑步时，心脏的收缩感、喉咙的火辣感，被一种豁然开朗、浑身轻盈的舒爽感取代了。

慢跑让我受益颇丰，减掉了我不想要的脂肪，驱散了我的失意心情，给我脸上增加了好气色，给我体内注入了复原力，给了我高品质的睡眠。

最重要的是，慢跑可以改善体质，提高免疫力。

4. 工作后

我刚毕业时收入不高，运动项目就是晚饭后到公园快走或到楼下跳绳。后来工资涨了，我就办了健身卡，定时去健身房推推器械、骑骑单车、跳跳健身操。

偶尔一段时间不运动，我就感觉灵感闭塞，大脑里总有鸡毛蒜皮的小事，整个人很没精神。但是运动之后，立马就会好转，那种健康、红润的气色，真是最佳妆容。

我会根据下班时间和工作强度来调整运动的强度和频率。我还购买了一些健身器材放在家里，如椭圆机、跑步机、健腹轮、瑜伽垫、弹力带等。

5. 怀孕后

孕前期，我孕吐很严重，没有精神。怀孕14周后，随着孕吐反应的减弱，在医生的评估下，我报名参加了孕期瑜伽线下课程。

上了一个星期的课，我就明显觉得自己的状态好了很多。舒缓悠扬的音乐抚平了我内心的焦躁，动作越做越标准，耐力越练越持久。每节课的辅具和训练方法都不是一成不变的，一会儿用瑜伽砖，一会儿用弹力带，一会儿用椅子，一会儿用瑜伽球，感觉和一群准妈妈在一起，我玩着玩着就做完了运动。

从我的经验来看，运动和肤质、气色、心情、体质、工作效率等都有关联。

02

面试时，面试官一般会问我们的工作史；相亲时，对方会问我们的感情史，但我觉得，要想了解一个人，健身史能更加清晰地反映对方的人生追求和自律程度。

我们之所以成为现在的我们，健身起了很大的作用。在健身达人那里，运动是马甲线附体、反手摸肚脐的大功臣；在"吃货"那里，运动是胖子变瘦、猛吃不胖的魔法棒；在我这里，我单纯爱着运动给我带来的勃勃生机和昂扬斗志。

我的运动信条是：坚持锻炼体魄强，力拔山兮有何难？紧实、健康的身体不单是为了漂亮，更重要的是让我有力气为梦想拼搏，有精力消除一切苦厄。

关于健身，我有几个大道理要讲。

1. 别把健身窄化为减肥

有的女生在称体重时，恨不得拔完智齿、剪完指甲才上秤，一旦数字增加，就会如临大敌，备受打击；若看到数字下降，则会欢欣鼓舞、手舞足蹈。

我倒觉得没必要死盯着数字，不必为了秤上的数字乍惊乍喜，因为瘦和轻远不及皮紧肉实、线条优美漂亮。

怀着斤斤计较、拼命减肥的态度去运动，你就会选择热量消耗大而非你真心喜欢的运动项目，因此，就会让运动变得枯燥、难熬，吃东西也会计算热量，患得患失。一旦体重没减轻，或进入瓶颈期，你就容易气馁。

2. 健身实际上是"健心"

很多人运动的初衷在于减去身上的肥肉。

我读大学时之所以会去跑步，很大原因是受不了镜子里臃肿的自己：试穿无袖连衣裙，根本没有想象中的纤弱、甜美、有仙气，而是感觉甩开膀子就能下田犁地；穿上收腰小礼服，完全没有想象中的摇曳、婀娜、有气质，而是类似一个直立行走的粗壮邮筒。

但当我开始坚持慢跑时，我感觉心态都变得积极向上起来，而且腰围缩小、气色红润、入睡迅速、反应灵敏、极少生病。最重要的是，我还萌生了一种"我的身体我做主"的掌控感，觉得身体里总有股能量帮我去对抗外部的阻力。

3. 务必用健身武装自己

很多人总是用工作忙、学业重来给自己找不运动的借口。我认为，任何人为不运动找借口都是可耻的。李开复在《向死而生》中就劝道："别拿健康当成就的祭品。"

我认识的一位大学英语教师，36岁的她，高龄产子后恢复极好，原来她从读高中时就开始坚持每周游泳两次，而且早上听英语新闻时都会练瑜伽。

一个在知名会计师事务所工作的小伙伴，尽管高频出差、经常通宵加班，但她还是在写字楼附近的健身房办了会员卡，上班前或午休时，她都会去锻炼身体。

我以前的主管，我去洗手间碰见她在洗手池旁做深蹲。她告诉我，她送小孩去兴趣班上学时，自己也会到学校楼下的健身房练习搏击操，等小孩快放学时再去接。

即使在我工作最忙、压力最大的时候，我也会"不择手段"、见缝插针地运动：睡前做几组平板支撑，提重物时把重物当作哑铃抢上几次，抹护肤品时都要扎着马步。总之，我们只有用健身武装起自己，才能对抗岁月的残酷，体会到生命的柔情。

第四章 调理好情绪，
远离玻璃心

自我悦纳是场修行，所以，我根本不忍心让自己痛苦、懊恼、后悔、无奈。当贫瘠的现实向我袭来时，我觉得连叹息都是多余的。只有化伤痛为能量，化挫折为动力，爱自己，才是我这一生的终极罗曼史。

为什么你总是不开心

01

数月前，朋友经常给我打电话诉苦，生活的难处像约好了一样，在她的孕期中接踵而至：自己工作不顺，老公项目惨淡，理财产品爆雷，夫妻争吵升级。

每次朋友情绪激动地跟我诉苦时，我都会提醒她，无论如何都要保持开心，为了自己，更为了孩子。

朋友说，道理都知道，吃顿美食，买件美衣，看部喜剧，可这些方法治标不治本，只有短暂的移情作用。她问我，怎样才能养成我这种心态。

我常被身边的人误以为活得开心。与人打招呼时，我常被问有什么喜事，怎么这么开心。其实自己烦心事也不少，只不过是在调节心情方面下过一番苦功。

在我看来，开心是件奢侈品。我们羡慕貌美的人、有钱的人，但貌美的人、有钱的人却羡慕开心的人。

开心是我一直研究的人生课题，如果我连续三天不开心，就一定会想办法做出调整。

02

1. 排查不开心的主要原因

不开心主要有两种情况，一种是因为具体事件引发的不开心，这种情况需要揭开情绪的面纱，锁定深层原因。

我们的很多情绪都会经过复杂的扭曲和转折，比如"恼羞成怒"，表层是"怒"，深层却是"恼"和"羞"。在表层"愤怒"的感受下，也许真正的感受是"伤心"；在表层"紧张"的感受下，也许真正的感受是"开心"；在表层"生气"的感受下，也许真正的感受是"慌张"。

所以，遇到让自己情绪起伏较大的事时，可以试着拨开表层情绪的烟幕，让深层情绪暴露出来。

另一种不开心是找不到明确的触发点，生活死气沉沉，日子疲于应付，让人变得迷茫困顿、心情沮丧。

很多人觉得，生活是由5%的开心和95%的平淡组成，于是他们把这种平淡且不太开心的状态当成了生活的常态。

可我并不想要这样的常态。我想增加开心在生活中的比例，甚至想把开心作为生活的常态。

这就需要列出一个排查清单，把不开心的因素找出来。虽然想到哪儿写到哪儿也有效果，但分门别类更高效。每次我都列清单，结果越列越清醒，生活中的主要矛盾和次要矛盾一览无余，让我知道哪些取决于天意和别人，难以改变；哪些其实并没有那么重要，不必在意；哪些接近让我不开心的本质，而且自己能主动干预。

生活总会有一个主要矛盾和多个次要矛盾，解决了主要矛盾后，某个次要矛盾就会上升为主要矛盾。但我相信，次要矛盾的伤害已经降低，更重要的是要从中学会解决矛盾的方法，让自己慢慢地更有掌控感和成就感。

2. 外化内在的情绪

我发现，很多人身体累了不用别人提醒也知道休息，但是心若累了，哪怕有别人提醒也无法解决。

萨提亚学派的心理咨询师胡慧嫚有个方法对我很有效——根据内心的感受，摆出相应的身体姿势。

当一个人在"讨好"别人时，有个很典型的姿势，就是单腿跪地，一只手向前延伸，手心朝上，另一只手则放在胸口，自卑到把自己放低，渴望被看见、被理解。长时间保持这个动作，你会发现蹲跪着脚好酸，手臂也好累，整个人重心不稳，摇摇晃晃，要很努力保持才不会跌倒。

当一个人在"指责"别人时，有个姿势很形象，就是身体站立，一只手叉着腰，一只手伸出食指，用力地指着对方，眼睛里只有自己，把别人看得很轻，感觉自己很权威、很有面子。

这个动作看似很爽，但保持久了也会让人觉得辛苦。因为你的手要一直用力，胳膊也很酸，即使你用手叉着腰，支撑着身体，也会感到越来越累。

以上姿势只要持续一会儿，身体就会累。讨好他人的人会发现，站起身来平视对方更轻松；指责他人的人会发现，用手拉近对方更舒服。

身体累了，你会调整；情绪累了，也该意识到它需要调整了。

我在排查出现阶段不开心的主要原因后，会将其外化成肢体语言，让自己的感性和理性都知道：这个主要原因让我累到想要改变自己。

我嫉妒心很重，当我意识到之后，也发明了一个相应的动作，一条腿站立，一条腿踮起，抱着双臂，斜眼看人。只要坚持一会儿，我就会觉得眼睛很累，重心不稳，累到我想要改变姿势，比如正常走路或标准站立的姿势。

改变姿势后我意识到，人只有把自己的人生过好，才不会太纠结别人的好与坏，至于别人的人品怎样、情商怎样、处世怎样、语气怎样，这些都只是我内心的秩序。既然这种秩序只是我内心的，就不必让别人参与维持。

身体最舒服的姿态，除了心满意足地躺着睡觉，就是双眼正视前方，以不快不慢的速度前进。情绪经外化后也一样。

3. 把自己的人生过好

我曾经发过一条微博，得到了不少人点赞。

"既然要对自己好，我们就不要纵容自己今天状态不好、明天心情不佳，三四天已经是上限。我们可以做好每天的计划，然后用一整天去落实，晚上回来核对计划，状态不好、心情不好的问题很快就能被解决。"

为好心情加分的事项有：写情绪日记，分析自己的处境；写感恩日记，感觉世界依然爱着自己；健身房里有氧运动和无氧运动相结合，感受每个细胞的呼吸；看一本哲学类的书籍；吃一顿精致美味的大餐；晚上睡个好觉。第二天，你的心情肯定会变得阳光灿烂起来。

给好状态扣分的事项有：看粗制滥造的节目看得头昏脑涨；期待别人懂你并为你制造惊喜；觉得自己付出太多却没有回报；用敷衍了事的快餐打发自己……

你对自己的活法和状态越满意，就越容易宽容身边的人让你讨厌的行为，越会忽略运气对你的影响。

以前常听到"做人呢，最重要的就是开心"；长大后觉得，做人呢，最困难的就是开心。木心说："快乐是吞咽的，悲哀是咀嚼的。"我好希望自己能有这样的心态，能把生活中的悲哀快速地吞咽下去，把快乐久久地咀嚼到回甘。

每个人都应该把自己的不开心分析清楚，处置利落后，迎来愉悦的美好状态。

连续50天被夸奖的女孩子，容貌变美了

01

1.女生的漂亮是夸出来的

曾经有条"连续50天被夸奖的女孩子"的微博登上了热搜。

松子的节目做了个实验：连续50天被夸奖的女孩，容貌和气场改变了很多。一个人被夸得多了，自我认同感就会提升，会变得更加自信，整个人都会闪耀起来。

其中一位实验者面戴口罩，微胖，刚开始不知她是因为拘谨还是自卑，眼神有些闪躲，总把"不好意思"挂在嘴边。节目组在网络上选好老师后，就正式开始实验。

第一天见面，老师就夸女孩眼镜好看，黑色的头发和红色的镜框特别搭。女孩特意摘下眼镜，把它擦拭得更明亮了。

第二天，她在课程中不断听到赞美："这件T恤很可爱。""这个花送给你。"

课程进行了半个月后，女孩的生活出现了明显的变化，她开始摘下口罩，学着化妆。

第三十五天，女孩买了几本时尚杂志，穿上一身白色裙子。老师夸她的白色裙子很漂亮。

实验进行到第五十天，女孩整个人变得又瘦又美了，面对镜头也能自然微笑了。

每天实验结束后，女孩都会为自己拍照留念。当她把这些照片串联起来连续播放时，观众才意识到她的容貌、气质、神态等都有惊人的进步。

2.孩子的聪明是夸出来的

在电影《银河补习班》里，一个小孩从小就被老师说"缺根弦儿"，他妈妈也觉得他不聪明，甚至说他笨，班主任更是当众批评他。

但这个小孩的爸爸一直夸他，夸他很特别，夸他很棒。后来，小孩从差生变成了宇航员。

情节戏剧性的部分先不说，其中有一幕令我印象深刻：小孩在学校被班主任数落后，他的爸妈虽然在一旁争辩，但他妈妈说他笨的音量大到所有人都能听到。小孩受伤的神情，让人觉得十分揪心。

3. 男人的优秀是夸出来的

在某期《圆桌派》里，作家马家辉说，自己一个月前图好玩花了88元钱加入了"夸夸群"，群里每天会发15条信息来夸他。付费的"夸夸群"似乎夸得更准、服务更好，例如"你比文涛帅""你的文笔好"。

马家辉说："你想象不到，本来刚开始只是觉得好玩，但每天被夸15次以后，觉得成就感高了很多，小说都写得特别快。"

有细节、有真诚感的持续夸赞，会让一个人变得更加自信、从容，更有向不足宣战的勇气。很多时候，夸赞是一个人变好的催化剂。

02

国外有个实验，实验者选中两株长势相似的盆栽放在校园里。学生对着其中一盆说："你就是一个错误。""你一无是处。""你根本不算绿植。""你还没死吗？"学生对着另一盆则说："我喜欢你做自己的样子。""我一见到你就特别开心。""这个世界因你而改变。""你真的很美。"

据说这个实验持续了一周以后，学生逐渐发现被语言霸凌的盆栽开始慢慢枯萎，而另一株被赞美的盆栽则长得枝繁叶茂。

植物都能被评价影响，何况是人呢？我们不仅需要亲朋好友的夸奖，也需要陌生人的赞美。那为何我们这么"缺夸"？

我在朋友圈里看到有人过着自己想要的生活，内心有种失落感；工作中，功劳是团队的，失误是自己的，"相形"之下，自己"见绌"；生活中，亲朋好友习惯泼冷水，而吝啬鼓励，全是一副刀子嘴豆腐心的模样。

章子怡回忆当年拍《卧虎藏龙》时说道，从头到尾，导演李安都没有夸奖、鼓励过她，这对她来说是一种精神上的折磨。她说："李安导演会鼓励杨紫琼，会夸奖周润发，就是不夸我。"

所以，现在越来越多的人意识到，夸奖具有强大的功效。每个年龄段、不同性别的人都需要被夸奖。

当犯糊涂、自大时，你听听批评也挺好；当心理能量不足，被人责骂，缺乏自信时，你听听夸奖更好。

在我看来，夸奖就像一种蘸料，蘸一点提味就行，不必整个浸入，那容易让你忘了自己是谁。

03

作为被夸的客体，我们该怎么做？

在"连续50天被夸奖的女孩子"的微博话题下面，我看到有网友问："如何自然而然地被男友看到，被家人看到？"

乍一看我觉得挺幽默，但细想后又觉得很伤感。因为我经常听到有人讲自己的感情关系或原生家庭时，说自己很少被夸奖，我确实觉得这类人自我认同感和存在感相对较低，甚至还更容易产生戾气。

我觉得，如果你需要被夸，就大大方方地说出来。在任何一段关系里，自己都是参与者，凭什么别人说什么自己都得兜着？别人对待你的方式，大部分都有你的默许。

我这个天蝎座女生经常会告诉身边的人，我心眼儿很小，需要被夸。

在我小时候，家里来客人，我爸妈会夸奖朋友家的小孩，有一次甚至当着很多人的面说那个小孩各方面都比我优秀。等客人走后，我表达了自己的不满。尽管父母向我解释，说当着客人的面需要说些场面话，他们在外面也经常表扬我，但我还是直接说出了我的诉求：你们要当面夸我，而且不要拿我和别人家的孩子做比较。

我老公在我们刚认识时，尽管经常夸我工作做得好、皮肤白，但偶尔也会直言我小腿粗。而我习惯了他的夸赞，却对他玩笑性质的批评特别介意，但与其闷在心里默默介意，不如直接对他说出自己的感受。

我读过一本书，书里说，为什么法国女人是全世界最好看的，因为法国男人把法国女人夸成了世界上最好看的女人。而法国女人也从来不问另一半"我这身打扮哪里不好看"，因为一旦你问了，对方很可能就会以审视的眼光来打量你，而那样总能发现你不够好的地方。

当需要被夸奖时，心情低落时，你不妨直接跟对方说："现在快点夸夸我。"

04

我们该如何夸赞别人呢?

我曾经看过冯唐的一句话,他说,"我40岁前喜欢爱笑的女生,40岁后喜欢不挑我毛病的女生"。

其实男女都一样,最差的婚姻就是互做彼此的"差评师",整天挑刺,自己心里的刺、对方身上的刺、感情中的刺,越挑刺越多。

上学时,老师夸我作文写得好,直到今天我还爱写文章;读者夸我自律,我就真的一天比一天自律。

去夸别人吧,就像做慈善一样。

那具体该怎么夸呢?

1. 夸人只夸一平方厘米

一位主持人曾这样说:"夸人要缩小范围,要先做功课,要有创意。"她还说,"一个人的体表面积大约两平方米,夸人家看起来精神,夸的是全身;夸人家脸色好,范围就缩小到脸部了;夸唇膏颜色美,更集中;再缩小范围到耳钉,更有力度——同样分量的赞美之词,是摊到两平方米有力度,还是落到一平方厘米更有劲儿?"

2.夸人要夸他努力

我曾听到一位辩手说："请夸我'一直很努力'。"不用担心自己在做的事情配不上努力这个词，人要有成长的心态，你所做的事的价值跟意义，可以被你的努力所改变。

当夸别人的时候，我们不仅要夸他"真的很努力"，还要夸他"一直很努力"。

如果只是夸对方通过遗传或继承等方式被动拥有的东西或特质，就算你夸了，对方也不知道前进的方向。所以，我们要夸对方努力的过程，因为这有章可循，对方会进一步完善和提升自己。

幸福的人，只是更早地意识到了自己有被夸的权利和夸人的义务。

恰当的表情管理术，能为颜值和气质加分

01

总结过去几年自己为了变美所做的努力，依次可以归纳为：皮囊管理、体态管理和表情管理。

上大学时，我很看重皮囊管理，所以选修营养课，饱览保养书，调整作息、饮食和运动。

工作以后，我很看重体态管理，因而专门报班训练体态，平时注意矫正自己的不良体态。

继皮囊管理和体态管理之后，我又把范围延伸到了表情管理。

02

表情管理到底有多重要呢？

人中较短的玛丽莲·梦露，早期笑起来时牙齿全露。她反复研

习后，笑起来上嘴唇更平稳，牙齿微露，眼皮微垂，眉眼里更有风情，最终形成了集孩童般天真和摩登女郎般性感的独特气质。

很多艺人在刚出道时，明明应该是年轻貌美，但留下的照片往往不够惊艳，还经常被抓拍到一些龇牙咧嘴、口眼㖞斜的照片。随着艺人资历的加深，他们找到了适合自己五官和气质的最佳表情，再被抓拍后，照片也变得越来越好看。

他们除了因为摸索到了更适合自己的光线和妆容，还有更重要的一点原因——利用表情管理扬长避短，无论处于动态还是静态，都能呈现出更美的自己。

在我看来，普通姑娘虽然没必要对自己像艺人那般严格，但也应该适当地管理表情，其原因有三：

一是得体的表情管理更利于人际沟通。一项研究表明，人的表达靠55%的面部表情和38%的声音加上7%的语言内容。

二是很多人看到自己表情失调的视频或照片，会很想穿越回去做出改变。虽然看到别人的一些照片被做成"表情包"很搞笑，但自己的照片若被做成"表情包"就会觉得很可气。

三是不良表情的累积，可能会造成左右脸不对称、局部皱纹明显，影响面部线条的走向，久而久之还会对颜值产生更大的影响。

03

表情管理通常有哪些可行性方案?

1. 让眼神更加聚焦且有神

如果对方讲话时眼神躲闪、面露畏惧之色，我会觉得他不够自信；如果对方总是东张西望，我会觉得他对我有些不尊重；如果对方眼神恍惚、无神，我会觉得他精神不集中。

所以将心比心，我希望自己在和别人沟通时，眼里应充满善意和柔和的光。

眼神的聚焦很重要，瑜伽里有个动作，身体在做平衡的动作时，眼睛盯住一个定点，我觉得这个动作练习对眼神的聚焦很有帮助。

眼睛是心灵的窗户，但现在人们每天长时间盯着电子屏幕，眼睛的灵动性日益匮乏。梅兰芳放鸽子，盯着飞翔的鸽子练眼神；六小龄童点一炷香，盯着闪动的香火头练眼神。我们虽不必这么拼，但眼部运动还是得做。

作为戴眼镜多年的近视一族，我很怕自己摘下眼镜后眼睑肿胀、眼神涣散，所以一直力求自己要做到：看书、看电脑或看手机四五十分钟后，争取到窗边远眺；在从办公室到洗手间的走廊上，做眼睛远近调焦的练习；在街边等车时，盯着路边的树叶，看到眼泪夺眶而出；眼睛疲劳时，转动眼球，在眼眶里画三角形、正方形、五角星。

拥有一双会说话的眼睛我算是没指望了，但也不能破罐子破摔，尽力守护好已有的心灵之窗吧。

2. 不良表情的负面影响

我们办公室里一个女同事的笑声惊天动地，面部表情夸张，笑完又自省说大笑让她表情纹丰富。我常听她自勉："不是美女都高冷，而是更注重表情管理。"

我也是个表情丰富、笑点低的人。我喜欢开怀大笑的自己，但有些习惯还是需要花力气"整治"的，比如用手托着下巴思考时，眉心会不自觉地皱在一起；微笑时嘴角总会往左边撇；生闷气时忍不住嘟嘴。

不良表情若被长时间累积，就会结下恶果。据我观察：高频大笑者，法令纹和鱼尾纹会更加明显，嘴巴两边像有括号包围；经常生闷气、发脾气的人，年纪越大，木偶纹越重，嘴角像悬挂着重物；经常眯眼、挑眉，眼睛无意识地向上看，容易形成抬头纹；有抿嘴习惯的人，随着年纪的增长，人中可能会越来越长；经常用吸管喝水，容易长"饺子嘴"，嘴周皮肤像包饺子捏起来的褶皱。

所以，早点观察自己的不良表情或动作，早发现，早干预，早纠正。

3. 根据长相来扬长避短

有一次朋友聚会，大家拍完照后分头修图。一个朋友拿着手机横看竖看，都说自己拍出来的照片不够好。她发现自己颧肌比较发达，大笑起来肌肉断层，面部线条不舒展，于是号召大家再拍一组照片。她微笑时改用嘴角肌肉发力，结果照片果然好看很多。

这个朋友偶像包袱还挺重，从那以后，在重要场合或朋友聚会拍照时，她都有意识地把原先颧肌带动的微笑，改成用嘴角肌肉来驱动。

笑起来的女人最美，找到适合自己的笑法，还能美上加美。别相信露出8颗牙的笑容最漂亮，每个人的情况不同，嘴大牙小，露10颗牙也好看；嘴小牙大，露6颗牙都费劲，关键取决于自己的口腔状态、嘴唇形状和笑肌控制情况。

人中短，笑起来容易暴露出过多牙床，可以考虑抿嘴笑；人中长，不笑会显得严肃，笑开一点更好看。

我们可以多照镜子，多分析照片，就算不为找到最美角度，也要观察自己眨眼的频率会不会过高，面部小动作有没有偏多。

4. 情感管理是底层算法

曾经班里有一位女同学，对女生表情正常，但对男生会新增不少可爱的小动作，比如吐舌、嘟嘴、瞪眼。

我不太清楚班里的男生喜不喜欢她的"丰富"表情，但对待不同性别两副面孔的表情，让我觉得有些不自然、不舒服。

有一次经朋友引荐，我认识了一位美女。其实在此之前我看过她的照片，对她充满好感，但接触下来深感不适。这位美女虽然长得漂亮，但优越感满满，觉得自己学历高、长得漂亮，对待服务员趾高气扬。她那种自以为是、不尊重人的态度，折损了她的美貌。

表情管理的内核是情感管理，内心扭曲的人表情很难自然。

以前有一位同事，我最喜欢和她一起吃东西，因为她总流露出像拍广告片一般充满享受食物的感觉的自然表情。有一次出门，我看到小区里有个女孩见丁香花开了，她凑近细嗅，脸上洋溢着满足、美好的表情。我相信那一刻她们没有做表情管理，却让我多年难忘，觉得一切都是当时她们感恩、喜悦、欣赏的心境使然。

锻炼眼神的神采和灵动，有的放矢地纠正不良表情，培养良好的情绪和心态，适当学些表情管理术，能在很大程度上为颜值和气质加分。

失意时也要记得对自己的身体负责

01

2018年9月，几乎所有知道内情的朋友都嘱咐我要保重身体。

我也确实受到了很大的打击。9月中旬验孕棒上的两条红杠让我充满感恩，下旬诊断书上的"自然流产"让我痛心疾首。

仍然记得那天我走出医生的办公室，感觉一点儿力气都没有了，直接跌坐在诊室门口的椅子上，顾不上旁人眼中的体面，默默地哭了好久。

当我把这一噩耗告诉在候诊区等待的老公时，他扶着我，一边安慰着我，一边帮我擦眼泪。我看见他去扔我用过的纸巾时，悄悄擦了下眼角。

似乎从得到消息那天起的很长一段时间里，我都没有办法一个人好好待着。理性时，我会查阅检查结果或相关科普文章；感性时，我看到小孩或孕妇就想流泪；乐观时，我觉得老天会把最好的留到下一次；悲观时，我害怕自己可能再也没有下一次。

当亲人来看望、朋友来安慰时，我觉得自己必须表现得让他们放心。但只有我一个人时，我又会充满自责，放大任何一个可能的自身原因；当我和老公在一起时，我又会责怪他在我备孕期间某顿饭菜做得不够健康。

我知道我不该这么做，只是自然流产的原因太复杂了，复杂到我不确定到底是哪一种。我无比讨厌"自然选择""缘分未到"这种模棱两可、让人捉摸不定的说法，恨不得找到一个明确的原因对此事负责。

那段时间我感觉好像一切都不重要了，同事跟我讲的乐观事例我听不进去，读者转给我的安神"经文"我也看不下去。自己一直抱着装有后悔、愤恨、哀伤的负面情绪的"全家桶"在胡吃海塞。

直到有一天，我翻开一本笔记，看到以前自己摘抄的一句话："当对生活中的一切都失望时，你仍然要记得应当对自己的身体负责。"我被这句话瞬间点醒了。我要振作起来，保重身体，吃好睡好，少胡思乱想，现在这才是我能力范围内应该做的最有建设性的事。

02

有人问毕淑敏，怎样才能度过人生的低潮期?

毕淑敏答："安静地等待。好好睡觉，像一只冬眠的熊。锻炼身体，坚信无论是承受更深的低潮或是迎接高潮，好的体魄都用得着。和知心的朋友谈天，基本上不发牢骚，主要是回忆快乐的时光。多读书，看一些传记。一来增长知识，顺带还可瞧瞧别人倒霉的时候是怎么挺过去的。趁机做家务，把平时忙碌顾不上的活儿都抓紧此时干完。"

那些天，我除了做家务这条没落实，其他基本都做到了。领导批了我几天假，让我把钻牛角尖的功夫拿来好好照顾自己。

我只有一个信念：先养好身体再说。我认真吃饭，没事就睡，看看喜剧，听听相声，养花种草，晒晒太阳。

其中最难控制的就是瞎想。我深知想太多没有好处、只有坏处。但想法真的很难控制，我只能提醒自己，一旦发现有瞎想的苗头时，就赶紧转移注意力。

我的朋友安慰我，电视剧、电影里一般都会有这样的情节，当一个人遭受磨难时，如果主人公情绪泛滥、借酒消愁，那说明这个人还会继续困在负面情绪里；而如果主人公没有胃口也能硬着头皮吃几口饭，这预示着主人公在不久后将会达成愿望。

我身体不舒服，想法也消极，这个状态或多或少都会影响到身边的人。所以荣格的那句话是很有道理的："健康的人不会折磨他人，往往是那些曾受折磨的人转而成为折磨他人者。"我希望自己的身体能够赶紧恢复过来，停止折磨自己，也停止折磨他人。

03

我看过林志玲在《精彩中国说》上的演讲。她回忆起2005年在大连拍广告时的事。她上马以后，马越跑越快，于是她只能跳下马，结果还被马重重地踢了一脚。

等她醒来，发现无法动弹，她说："从心脏以下一厘米的位置开始，6根肋骨、7处其他位置断裂性骨折，可能再往上一厘米，就没有现在的我。"

医生说肋骨断裂会是身体最大的疼痛，叫她一定要忍着。她问医生："这会好吗？"医生说："会。"从那以后，她再也没有喊过一声痛，再也没有掉过一滴泪。

林志玲那段13分3秒的演讲视频，我反反复复看了好几遍。

"我要用我全部的精力来修复我的身体，即使那时候连呼吸一口气都觉得好疼好疼。当我痛到快没有知觉的时候，我就告诉自己，我要和这个痛共存。我觉得老天爷摔了我，是为了考验我够不够坚强，有没有宽阔的胸襟面对未来的一切。我花了半年的时间，回到原本的自己。我也谢谢这个考验，因为在之后的日子里，在每个机会面前，都要将其视若珍宝，哪有那么多时间患得患失？如果当时不差一厘米，一切都会变成零。

"我好希望自己经历的中间的过程能像按了快进键一样赶紧过去，让我也能在回顾磨难时笑着说'谢谢'。

"我心里有个声音告诉我，哭哭啼啼、胡思乱想、意志消沉，对自己的身体和未来都是累赘。只有对身体负责，才是对未来负责。只有身体好，才有翻盘的筹码。"

04

木心说："健康是一种麻木。"

我看见身边有的女孩在月经的第一天，还冰激凌、冷饮不离手。有的男生明明已经瘦成了竹竿，还天天窝在家里打游戏不运动。

我还见过我的前同事，他因为失恋，天天晚上都喝酒，在喝出胃溃疡以后，才觉得失去这段恋情不是什么大事，而没有一个功能正常的胃才是真正的大事。

身体没出状况之前，我们吃垃圾食品，熬夜玩手机，懒得去运动，觉得倒霉的人不会是自己；当健康出现问题时，我们才会感受到真实的病痛。

蒙田说："健康是珍贵的东西。唯有健康才值得大家用时间、汗水、劳苦、财产，甚至用生命去追求。没有健康，生命是艰苦的、不公正的；没有健康，欢乐、智慧、学识和美德都会暗淡无光，不见踪影。"

愿你在百忙之中照顾好自己的身体，对身体有敬畏之心，少一点木心所说的"麻木"，多一点蒙田所说的"追求"。

不要把时间浪费在不必要的人和事上

尼采说："我为什么这么聪明，是因为我从来没有思考过那些不是问题的问题——我没有对此浪费过精力。"

你看，尼采从来不在不是问题的问题上花费精力，甚至连想都不会想，他只对"有价值的问题"感兴趣。在汲取知识方面，他知道要避开什么、抛弃什么。他不喜欢泛阅读，不认为读书越多越好。他会带着自己的疑问去读书，尽管他没有建立一个完整而庞大的哲学体系，但他那豪气冲天、光彩夺目的散文、格言和警句已深深将我征服。

不把精力浪费在不重要的事情上，能成就一个人，它也是化解你累瘫、心塞的锦囊，这点我深以为然。

我认为的精力浪费，体现在工作中，是被无关紧要的事情轻易打乱节奏；体现在生活中，是偏要和自己较劲；体现在人际关系中，是过度在乎别人对自己的评价；体现在情感里，是抛下自我也要陷在"他爱不爱我"的猜想中。

人的时间和精力都有限，消极的情绪、主观的臆想、琐碎的小事、常响的手机，瓜分着人们宝贵的时间和精力。

许多人那长满老茧的神经末梢，根本意识不到自己的精力正在被消耗，因为他们已经习以为常。如果你感觉累瘫、心塞，就该试着清除那些占用你大脑空间的"恶意程序"。

1. 精力管控达人要主动避免干扰

在我工作的这些年里，历任老板、同事赠予我不少"精力收纳狂""高效红旗手"之类的隐形锦旗。

离开第一家公司时，老板再三挽留；和第二个东家分道扬镳后，经理用了三个人来填补我原先的岗位空缺；现在，在做好本职工作后还坚持利用业余时间写作，我也基本实现了精力均衡配置。

即便以前在深圳工作期间，加班、值班多如牛毛，我还是会去改革开放博物馆做志愿者；写作之外，我还会保证每周两本书左右的阅读量；通常工作日下班后，我会直奔菜市场买菜、做饭；没空去健身房，就让家里的健身小器械助我一臂之力……

很多人问我怎么精力那么旺盛，其实不是我精力旺盛，而是我把精力分配得好。具体方法是：

总结自己一天的精力曲线，把要做的事情安排到与之匹配的精力区间；

做正事时全神贯注，把手机放到五米以外，把周围的声音处理成白噪声；

工作时，路过茶水间的"妈妈帮"或"相亲团"聚众闲聊时，微笑淡出，从不久留；

业余时间做自己喜欢做的事，累积的正能量是助我度过一切苦厄的"硬通货"。

2.把工作中的无效投入最小化

职场里，真正活多的人是没空喊累的。

一个女同事向我诉苦，说要么被不计绩效的工作任务累瘫，要么被知人知面不知心的人际关系虐到心塞，要么被自导自演的小剧场杀死脑细胞。

可当我经过她的工位时，看到她电脑上挂着没来得及关闭的淘宝网，有时买的商品和图片有色差需要退货，她能和店家博弈、与快递联系消耗一个下午；开会前偶遇集团大老板，她会因为打招呼不自然懊恼半天；不调成静音模式的手机整天嘀嗒作响，她不断拿起手机又放下，工作任务没完成只能加班。

我发现，工作时间常常刷淘宝、想心事、收快递、评杂事、唠闲嗑的人，和抱怨为什么工作加量不加价的是同一拨人；强调身在职场要积攒人脉、玩转办公室政治的人，也是一边对着"三高"的体检报告担忧不已，一边感慨职场水深的人。

碎纸机般的手机软件把成块的时间切割成零碎片段，习惯性点开网页弹出的新闻更是让人精力涣散；研究领导的喜好和同事的八卦就更没有意义了，别人即使家财万贯，也不会赠你半分；他人即使无权无势，也不会向你索要；整天研究领导的喜好和同事的八卦，还怎么做业务？练就一身的"故事会人格"，是要去《知音》做编辑吗？

在我看来，只有提高专业水平和职业敏感度，精力集中者才能捧上金饭碗。

3. 不要因为错过太阳而流泪，否则连月亮和星星你也会错过

当年我高考考砸了，没被心仪的学校录取，于是自勉道："如果你因为错过太阳而流泪，那你也将错过月亮和星星。""天将降大任于斯人也。"然后我就去读大学了。

在大学校园，我常常听见有人痛陈高考的失利，担心未来的就业。在一片愁云惨淡的哀号声中，我早已养成早上五点起床背英语单词，晚上七点去跑步的习惯；大家一笔带过的社会调查，我做得严谨、仔细；为了调查当地民众的生育观，我拿着调查问卷四处跑，从计生局到街头小巷，从妇科医生诊室到产房病床，每份数据都真实可靠；我和学霸们相约做科研立项；我到学校旁的打字复印店免费打工，只为熟悉办公软、硬件的使用；假期我就拿着勤工俭学赚来的钱游览祖国的大好河山。毕业以后，社会并没有为难我。

当你深陷挫折之中无法自拔时，你那错放的精力会让你心力交瘁，更会为你的未来埋下祸端。

我身边的好友，有因为男友的劈腿，终结了四年的感情，分手后喝酒喝到胃溃疡的；有考上很棒的学校，但是大三时因为考试作

弊，被学校取消学位证，自己患上轻度抑郁症的。

前者若振作起来，说不定还能遇上一份后来者居上的好感情，后者若能聚气凝神地专心学习，说不定还能考上研究生，直接拿到硕士学位。这世界多的是挫折和磨难，遇到它们就难过是本能，但难过太久，就是跟自己过不去了。

自我悦纳是场修行，所以我根本不忍心让自己痛苦、懊恼、后悔、无奈。当贫瘠的现实向我袭来时，我觉得连叹息都是多余的。只有化伤痛为能量，视挫折为动力，爱自己，才是我这一生的终极罗曼史。

从玻璃心到内心强大

因为我的个人简介中有一句 "治玻璃心"，所以经常会收到读者提问："我就是玻璃心，怎么才能变得内心强人？"

玻璃心我熟悉，因为我曾经就是。内心敏感多疑，觉得别人话里有话，眼神有深意；小事常往心里钻，对别人的反应看得很重；别人关门重了、信息没有秒回，我都会耿耿于怀、焦虑难安，总觉得一定是自己哪里没有做好……那种永不下线的内心戏，动不动就让我心寒、心塞、心累。

现在的我不再被玻璃心困扰，内心变得越来越强悍。我和大家分享一下从玻璃心到内心强大的四个心理战术。

01

短短几年，其实就是一段人生。

我以前的玻璃心不知是先天性格还是由家庭教育造成的，因为我妈心思很细腻，从小就教我要站在别人的立场上看问题。还有，我从普通小学升到重点初中，发现周围有才、有财的同学太多了，这大大刺激了我的自卑感，常担心别人会轻视我。

初中毕业后，同学换了一拨，我才意识到自己那些声音颤抖的发言、觉得不太友好的眼神、以前的揣测和多虑，瞬间变得毫无意义。

读高中时，我放开了很多，终于敢当众演讲、当众搞笑。我心想，即便我出丑了，三年后到了大学，又是一个全新的我。

大学四年，我更豁得出去了，做问卷调查、去街头发传单，做科研立项，去政府机关做采访，毫无畏惧之色。人越怕丢脸，表现得就越丢脸；越不怕出丑，就越可能会变成黑马。

一段一段的人生经历，让我悟出一个道理：三四年就像小型的一生，在这段只有三四年的"小人生"里，比起我的见识、感受和体悟，别人对我的看法根本不算什么。

02

玻璃心不可怕，假装大度最可怕。

我上小学时在校队练篮球，整天暴晒，脸上晒出斑。其实不凑近看也不明显，但当时心里极为介意。同学叫我班长，我都怀疑他们是不是在叫我"斑长"，虽然心里不爽，但计较又显得小心眼，所以每次都装作不在乎。

有一次，一个很熟悉的同学提到晒斑，我忍无可忍地对她发了火。她很纳闷，说我平时大大咧咧的，谁能看出我对晒斑这么介意。我想也对，在乎就直说，我不直说，别人怎么知道我在不在乎。

在自己玻璃心的领域，你千万不要藏着掖着，故作淡定或享受。不仅自己演起来很累，别人也容易被你的"演技"欺骗，以后更可能在你的玻璃心上撒盐。

后来，如果对方的话让我感到难受，我会态度可爱、眼神坚定地提醒对方；若对方还一直说，我就会微笑着预先告知："你再说下去，我可要生气了。"

在乎你的、善良的人，知道你不开心的点后会尽量避开。那种明知你难受，还故意刺激你的人，要么是不尊重你，要么就是故意戏弄你。我猜你跟我一样，不屑于"以彼之道，还施彼身"，那就尽量远离这种人。

别人对待你的方式很大程度上是由你决定的。

感觉双方有误会，你就当面沟通一下，不要在深夜揣摩别人那句话是什么意思，是不是对自己有什么误解。如果把什么都憋在心里，那你不是黑化别人，就是黑化自己。

勇于承认自己在某些问题上比较小心眼，是对这段关系的负责，别人也不会觉得跟你相处如履薄冰，你也不必给自己加那么多戏，累着自己。

03

做好内心强大的基础建设，玻璃心不要黑化，要钢化。

至于如何钢化，怎样做好内心强大的基础建设，我认为分为两个方面。

1. 在玻璃心的领域，越来越不惯着自己

很多时候，人会卡在玻璃心这个层面，逃避解决真正面临的问题。

我刚开始写文章时，对不顺耳的反馈就有点玻璃心。其实，我真正的问题不在于玻璃心，而在于提高写作能力。

越自信的人，越不会惯着自己的情绪，越听得进别人有价值的意见。

维护玻璃心和把在乎的事做好，哪件更重要？我觉得是后者。如果因为受挫力弱，自我调节能力差，导致错过真正有价值的意见，那我定不能轻饶了自己的玻璃心。

为了解决真正的问题，我甘愿把玻璃心贴上钢化膜。

2. 在其他领域，植入丰盛的势能

在我看来，每一件你做好的事情、别人的信任感、自己的成就感，都会给你增加自信的积分。当自信的积分达到一定的数量，你的内心就会变得更强大。

读书时，我每次考试的成绩都稳定在中上水平，偶尔发挥失常也不会玻璃心；工作后，我每次交付工作都奉献了自己的价值增量，偶尔被批评也不会玻璃心。

婚恋中，内外兼修的自己越来越好，就算新闻整天说离婚率有多高、出轨率有多高，也并不担心或焦虑，因为我心里知道每个人都有自己的选择，重要的是，珍惜当下，做好自己。

失败一次，告诉自己还有机会；别人情商低，自己没必要生气；即使别人欣赏不了我的好，我也可以自得其乐。

04

玻璃心欠我的，必须加倍还给我。

玻璃心除了有脆弱易碎的贬义，也有细腻、周到的褒义。

工作后，我把对人的敏感转化为对事的敏感，重视细节分析，争取把预案做漂亮，提高说服策略的成功率，这为我的工作加分不少。

开始写作后，我意识到玻璃心能让我区分不同层次的情绪，敏锐地感知到他人的情绪变化，这种同理心对我的写作大有帮助。

以前因为玻璃心吃过苦，现在终于享到福了，所以，我们把玻璃心用对地方就是赚了。

玻璃心的底色是自卑，却又需要重要感和特权感，可这个时代的运转逻辑从来不是"你玻璃心，你有理"。

不是你对着镜子微笑，伸出手臂做加油状，你的内心就变得强大了。你只有拥有了健康和才干，才能谈内心强大。

当你内心越来越强大，以前那些让你玻璃心的事，就会渐渐消失。

就像多年以后，当我在欧美时尚杂志中看到一个脸上、身上有深深斑点的女模特，眼神清亮，动作自信，那一刻，我觉得她特别美，也释然了小时候自己对斑点的玻璃心。很多时候，我们所在意的只是特点，不是缺点。

看着曾经让自己玻璃心的事都随风散去，我打了个响指，继续我的快意人生。

很多痛苦都源于你自找不痛快

01

我发现很多人都很擅长给自己找不痛快。

有一次，我和朋友约在旋转寿司店见面，她提前到了。我到的时候，看她小脸气得通红，表情激动，额头青筋明显，就问她怎么了。

她把手机很重地放到桌子上，说在网上和某位博主吵架。那位博主发表的观点让她很生气，她指出该博主论据错误，博主就删除了她的评论，并把她拉黑了，还停止评论三天。朋友越说越气。

我劝她消消气，林子大了，什么鸟都有，五花八门的博主那么多，喜欢就关注，讨厌就取消关注；想和对方探讨问题就探讨问题，对方拒不接受你的观点也没辙，犯不着把自己气得脸红脖子粗。

就像面前的旋转寿司，你若不喜欢吃，就让它转走好了，追着骂它不合胃口，只会坏了自己吃饭的兴致。本来上班就够忙的，你刷个微博消遣一下，却搭上了自己的好心情，何必给自己找不痛快呢？

前两天，朋友向我咨询情感问题，她和男友又因异地恋吵架了。她因为疫情一直见不着男友，思念心切，故意说反话。又因为男友没把她哄到位，她就生闷气。

我觉得朋友的异地恋谈得真累，如果把男友能看懂自己正话反说的小情绪、声东击西的小欲望定义为爱的话，恕我直言，就算他们俩面对面交流，她的男友也可能不具备这样的悟性，更别提异地恋了。

回忆起当时我和老公异地恋，我们基本没吵过架。那段时间，我刚到新的城市，忙着熟悉新生活，忙着看书、看美剧，有空我们就单刀直入地交流，大多数时候聊聊一日三餐、有趣的见闻、畅想未来，偶尔说几句简单明了的情话，累了、困了，打个招呼就去睡。

在我看来，女人谈恋爱不要这么累，别为了不是问题的问题发脾气。脾气的效应是边际递减的，所以要发在涉及底线和原则的刀刃上。谈恋爱本来图的就是比单身时开心，你干吗找个人给自己找不痛快呢？

如果一个人见不得别人好，可以理解为嫉妒，那见不得自己好，这又该怎么理解呢？

02

人总会有钻牛角尖的时候，我也有自找不痛快的经历，比如现在住的房子。当时买房时，中介当着我们买卖双方的面问到户口问题，房主说他压根儿就没把户口迁进这套房，于是我们开始签单，付购房首付款，启动贷款手续。最后交接时，中介带我们查水电燃气费、物业费和户口，才发现这套房子还挂有前前房主的户口。

房主解释说，户口上的人是他家亲戚，在国外工作，年底回国就能迁走，还给我们交了押金，并承诺限期内迁走。到了年底，我问房主，他的亲戚何时回来迁户口。一开始他还敷衍我，后来直接失联了。

此后这件事给我带来了很多不痛快，我一会儿担心会影响房子转手，一会儿又担心会影响孩子将来上学，越想越寝食难安。但我除了想，也没有采取任何实际行动。

怀孕后，我要把自己的户口迁进这套房子时，派出所的工作人员让我签同意残留户口落户的同意书，否则我的户口就不能迁入，我又担心签了同意书会有潜在风险，于是回家继续纠结。这事让我既痛苦又后悔，怎么当时没事先查户口呢？为什么当时那么大意呢？我抱怨中介太不专业，怪前房主是骗子，怪前前房主是老赖。

受够了因这事持续给自己找不痛快的日子，我决定行动起来，要么当机立断，要么放任不管。

于是我去派出所拜托工作人员帮我联系前前房主，了解他不迁户口的原因；打电话给公安局咨询户口政策；询问律师走法律程序的胜算概率和步骤；甚至还写信给市长信箱说明情况，并很快就收到了答复。

通过各种途径，我得知前房主和前前房主有债务关系，也了解到自己所面临的风险尚在可控范围。之前，我跟自己想象出来的困境和坏人虚拟地打了一架，现在我决定将这件事情搁置，等卖房时再说，到时再向下任房主交代清楚，是要我们代偿债务迁走户口，还是在房价上做出让步，都可以商量。再说，也许将来政策会发生变动，也许到时候债务已经偿清了。其实我们买的这套房子已经升值了不少，这些年居住体验也很满意，我不能因为事情没有百分百圆满而自找不痛快。

这事让我意识到，见好就收并不难，难的是见不好也能收。我期待事态能向好的方向发展，但也要学会快速消化事与愿违的失落。想通以后，我决定放过自己，不再让这件事占据大脑，瞬间觉得生活变得轻盈起来。

正如几米所言："不要在一件别扭的事上纠缠太久。纠缠久了，你会烦、会痛、会厌、会累、会神伤、会心碎。实际上，到最后，你不是跟事过不去，而是跟自己过不去。无论多别扭，你都要学会抽身而退。"

和网络上的不同想法闹，和不够体贴的男友闹，和不够顺利的事情闹，本质上都是在和自己闹。跟自己闹情绪才是最累人的，把自己的日子过舒坦了，才是第一位的。

03

我有个愿景，希望自己过得痛快一点、洒脱一点、飒爽一点。而这个愿景的基础，是自己先要成为一个拎得清的人，知道要往哪里去，知道哪些是岔路，然后经过岔路时，确切地知道自己的目的地。

其实很多困扰我们的事，并不是我们真正在意的事。就像我怀孕初期，有一天上班期间上厕所时发现有轻微出血，一位同事急得不得了，马上送我去医院。我叫了辆网约车，不巧有人拼车，司机还要去接别人。我说情况紧急，劝司机放弃拼单，我来承担经济损失。一路上，我的同事为我担心不已，又很生司机的气，觉得司机做事不分轻重，不近人情，下车时看着司机欣然接受我的两次转账，更是气上加气。

说实话，我一点儿都不生气。一路上我都在试图平静地做心理建设，我担心的是我的孩子能否保住，钱和司机早已被我抛到九霄云外。每个人都有自己做事的侧重点，我没法要求别人也感同身受。

为了不重要的事，我们把自己气得心情一团糟，影响身体，多不值当啊。人生短暂而无常，聚焦真正重要的事，闲下来的时候，想不开就什么都是事，想得开也就那么一回事。所以，我们与其找不痛快，不如找乐子。

葡萄牙诗人佩索阿曾说："你不快乐的每一天都不是你的。"期待飒爽人生的我，当务之急就是停止在不重要的事情上给自己找不痛快。

听得进批评的人，成长速度更快

01

看华为的企业管理书籍，任正非的话给了我很大的启发。他说："不要怕批评，要感谢骂我们的人，不拿华为的工资和奖金，还骂我们，是在帮助我们进步。""高级干部内心强大的表现是，经得起批评。世界上肯定会有不同意见，我们一定要有战略自信，首先不怕别人批评。"

华为有个平台叫心声社区，任正非对心声社区寄予厚望，希望它能成为华为的"罗马广场"。罗马广场是欧洲中世纪时期位于德国法兰克福的著名的政治性集会中心，每个人都能在广场上阐述自己的观点，因此，众多天才横空出世。

任正非的言行对我产生了强大的作用力，有三方面原因：

一是听得进别人的批评很难做到。面对面时，每个人情商都很高，有分寸，会说话；在网上，每个人都卸下伪装，火药味十足。

在这种网上网下容易分裂的社会环境下，听得进别人的批评是种稀缺的品质。

二是听得进别人的批评很重要。这些年的所见所闻告诉我，越是处于高速上升期的公司或个人，越重视别人的批评。他们懂得避免狭隘与自大，懂得汲取经验和教训，善于多角度思考问题，因此成长速度高于一般的公司或个人。

三是自己是很难听得进批评的人。我自尊心较强，从小接受的是鼓励式教育，但在网络上写作后我才发现，学会如何面对批评，成了我猝不及防的必修课。

一位做自媒体的朋友说，被骂是常态。可当我看到欣赏的企业家、喜欢的主持人、发展快的艺人团队在做"闻过则喜"这样"反人性"的事情时，我就觉得，自己应该端正一下接受批评的心态了。因为我明白，他们可能也不喜欢被批评，但批评能带来进步。

02

我曾被抖音视频软件的算法"劫持"了自制力，写了篇相关的文章后，就卸载了抖音。

数月后，抖音青少年中心的工作人员联系到我，说他们的内刊想要收录我这篇文章，并支付稿费。

在沟通过程中，我全程都感受到对方的谦逊和涵养，后来，我还收到了抖音送来的礼物。这让我感慨，增速迅猛的企业有包容的胸怀、大方的态度，能够虚心地对待"不友好"的声音。

后来，我还写了一篇关于某位女艺人的文章，直言她做得好与不好的方面。数天后，她的经纪团队联系到我，尊称我为"老师"，一笔带过所有的好话，用了更多的时间和我探讨"坏话"。

我觉得，听完别人的意见做出的决定，带着合理的逻辑和个人的自信；不听别人意见做出的决定，带着认知单一的自负。

马东聊起新节目上线时的用户评价，工作人员说基本都是好评。马东却"找骂"地表示，想看差评。他说："如果我意识到我错了，我绝对道歉，然后免费补录节目。"

他说，刚工作时，他体重二百多斤，呼哧带喘、满头大汗地主持节目。当时湖南卫视老楼门口的玻璃框里陈列着近期观众来信，有观众写信说他形象猥琐。他当时心里难受又委屈，但他说："读者信都写了，还被总编室'慧眼识珠'地拿出来，我只能好好想想人家说的有没有道理。"

从难受、委屈到专看差评，隔着一个人实力的增加和内心的强韧。

03

梅兰芳演京剧《杀惜》时，场内喝彩不绝，却听见一位老者高喊："不好！不好！"

后来梅兰芳找到老者，恭敬地说："说吾孬者，乃吾师也。先生说我不好，必有高见，定请赐教，学生决心亡羊补牢。"老者指出："上楼与下楼的台步，按梨园规定，应是上七下八，可你为何演成八上八下？"梅兰芳一听，恍然大悟，连声称谢。

梅兰芳在京剧领域颇有造诣，或许也正是因为他这般听得进别人的批评，不曾自负、狭隘。

越是具备自信与实力的人，越能听得进别人的批评，他们通常会进行三种心理建设：

1.听到批评，会心平气和地理解

面对批评，我们会本能地觉得伤害自尊，有损颜面，激发抵触心理，急于辩白，萌生恨意。

我曾经很喜欢的一位博主，后来变得让我越来越反感，因为我受不了她反对粉丝意见时的白眼和语气，而她输出的内容，退步显而易见。可见，未经反思的自信是种自负。

如果先给批评你的人扣上诸如坏蛋、喷子的帽子，对方的话不管有没有道理、对或不对，你的耳朵都好像有重兵把守一般听不进去。

而马东喜看"差评"，梅兰芳称提意见者为"吾师"，越懂得放低自己的人，越能发现有价值的信息。可见，低头听批评的人，站起来比谁都高大威猛。

一个连不喜欢的声音都能心平气和地听进去的人，懂得自己还有许多缺点，懂得拨开糙话萃取真理。

2. 听到批评，会思辨其中的建设性

我的一个朋友，在做认证认可和监督管理工作。我对他说："你整天批评别人，别人还得记录、整改，真爽！"

他说一点儿都不爽，因为他们必须熟读海量规定和文件，了解产品特性、相关规定，提出问题后，还得平衡整改成本和实际效用，还得有创意、有针对性、有性价比地提出意见。

一个具有建设性的批评和意见很值钱，而能分辨出意见是否有建设性的人更值钱。

3. 听到批评后，"择善而从"地衡量采纳

有时候我看时尚杂志的评论，觉得做女艺人很难，天然美时，别人会放大你的颜值缺陷；整容后，又会说你网红脸不高级。

先听进去，再辨别真伪，不是每个道理都通用；不是每个批评，批评者都会经过深思熟虑。要根据自己的意愿和情况，选择性地吸纳别人的意见，最后再决定是否采纳或改正。

现在，程序算法可以只推送你看着顺眼的东西，高情商可以让旁人只说你听着顺耳的内容，求生欲可以让男友只讲让你心花怒放的情话，"夸夸群"可以让陌生人不顾现实地夸赞你。

这个时代，闷起头来活在一个糖衣胶囊里太方便了，虽然拥有高浓度的甜蜜顺心，但你很难有空间成长。为了能加速成长的脚步，我决定做个听得进批评的人。

刚开始写文章时，我看到批评的话，就会从玻璃心泛滥、眼不见为净、删除并拉黑，到内心脆弱时暂时不理、内心强大时反刍自省，再到后来主动找写作搭档、出版社编辑或自媒体大号主编求批评。

拿"被误解是表达者的宿命"来自我开脱是容易的，用更好的表达减少误解则是困难的。我承认有些乱撒情绪的恶意批评真的让人心如刀割，但不管是写信时代还是网络时代，批评者的表达方式、语气轻重是他们的事，而得知批评后如何处理，就是自己的事了。

我会感谢有建设性的批评，如果对方能以照顾我情绪的方式表达出来，我会更感激。《航海王》里有一句台词我很喜欢："这个世界并不是掌握在那些嘲笑者手中，而恰恰掌握在能够经受得住嘲笑与批评，仍不断往前走的人手中。"

第五章 **不要在该动脑子的
时候动感情**

一个对感情轻言放弃的男人，一份不被父母祝福的
婚姻，一段经不住考验的恋情，早知道比晚揭晓强
太多。说到底，我还是喜欢把选择权握在自己手中
的感觉。

简洁好用的情感经验，早用早知道

我曾写过一篇生活经验分享帖，有位读者给我留言："我27岁才看到，要是我17岁就看到，可能不会是现在这样。"这句表扬，激励我又写了一篇婚恋经验分享帖。

01

确认恋爱关系前，对异性有好奇，对对方有欣赏，对未来有幻想，被喜欢有喜悦，但我要提醒你，在该动脑时千万不要动感情。

很多人说暧昧期感觉美好，但时间长了就显得磨叽、琐碎、没担当，不知道谁把谁当了备胎，所以我更喜欢压缩暧昧期。

就拿我的感情来说，男友先挑明喜欢我后，我有不少顾虑。除了感情的常规问题，我们还面临着姐弟恋、异地恋等"超纲题"。我们双方虽互生好感，却理性上线地互问互答。用"把丑话说在前面"的方式约好不隐瞒、说真话，不要试图故意说对方可能想听的答案。

我问："对于咱们的姐弟恋，你父母不同意怎么办？"

他答："你是嫁给我，不是嫁给我爸妈。"

我说："我年纪比你大，你年轻不成熟。"

他回："我的思想比同龄人成熟很多。"

当时我们还严肃地探讨了婚姻里可能出现的问题和极端情况，并且表明了各自的立场，了解了对方的底线，比如说出轨的应对方式、房子的问题、生育难产时保大还是保小，以及孩子的养育、父母的赡养方案，甚至生不出孩子来怎么办、孩子出事了怎么办、一方失业了怎么办，最后还包括谁先去世，另一半怎么办……

在我看来，这些话题等谈婚论嫁时再谈就晚了，在恋爱前就要了解彼此的婚恋观，如果人生目标相斥，三观差异太大，就请谨慎投放感情。

我以他的女性朋友的身份去他家见了他的父母，少了些审视和压力，多了些轻松和自在，吃饭谈天，其乐融融，觉得二老思想超前、开朗、开明。

朋友说，我们的感情把很多程序都前置了。但我觉得，与其在恋爱脑下盲目恋爱、盲目结婚，给自己和对方将来的人生埋雷，不如在感情基础尚浅时少动感情、多动脑。

据说，天蝎座的人在感情问题上，认准以后就会坚持到底，所以我更得理性把关。

02

进入恋爱期后，我给自己布置的感情作业是紧盯对方的缺点。

恋爱中，我们很容易看到对方的优点，因为双方都会以最好的姿态、最美的外表、最佳的耐心给对方留下好印象。恋爱是婚姻的预科，把对方情不自禁或有的放矢所展现出来的优点放在一边，着力探究对方的缺点，并和对方的原生家庭联系起来，然后问自己到底能不能接受。注意是"接受"，不是"改变"。

恋爱归恋爱，私底下，我总结了他性格和行为上的积极因素（自律、坚持、有思想、行动派）、中性因素（内敛、内向）和消极因素（中度洁癖、讲话毒舌）。我也鼓励他先不要被我迷住，要直面我的缺点。

双方在恋爱中先看清彼此，总好过结婚后幻灭，除非婚后性情突变，不然别再说"想不到你是这种人""当初我真是瞎了眼"这种废话。

有人说要降低对婚姻的期待，可是对婚姻的期待过低时，你压根儿就不想结婚了。我觉得要综合评估对方的优缺点，重点分析对对方缺点的接受度。英国作家毛姆说："我对你根本没抱幻想。我知道你愚蠢、轻佻、头脑空虚，然而我爱你。我知道你的企图、你的理想，你势利、庸俗，然而我爱你。我知道你是个二流货色，然而我爱你。"

结婚的充要条件是，知道彼此的极端缺点后，还想要在一起，而不是因为一句动人的承诺或者浪漫的求婚，就草率地决定在一起。

03

婚前主要看缺点，婚后主要看优点。反之，双方都容易意难平，嘴唠叨，心不甘。我们不要动不动就后悔选错人、结错婚。如果你不做好婚前把关和婚后提升，就算是和其他人结婚，问题也不会减少，只是形式不同而已。

婚前知道对方的缺点，做好心理准备，仍决定结婚的夫妻，更会自处和与对方相处，能大概率减少"跟你说了多少遍了"之类的絮叨和"我命怎么这么苦啊"这样的自怨自艾。

我已经能把对方令我徒增压力的特质换成其他方法来解读。

我老公有洁癖，他让我进门必须换居家服，去卫生间必须换拖鞋，把塑料袋套在垃圾桶上时必须严丝合缝；我吃东西掉渣会收到他的"眼刀"，我的打扫成果被他判定"不合格"。这些曾经一度让我觉得心累、压抑、被管制，持续被低压笼罩。我困惑究竟是人服务于环境，还是环境服务于人。

后来，我劝自己转变观念，多想想他洁癖的不易和好处。他下班回家后就把地一顿猛擦，周末把灰尘一顿暴吸，把家务基本都做了。他让我享受到了干净的环境，我该好好感激，并帮他维持好。

剪指甲时，我就揣着指甲刀，到楼下散步时在垃圾桶旁边顺手剪了，这也没什么；吃水果时，我就在厨房切成小块拿到客厅，整口吞下去，避免溅出汁液，也不是太难。

我老公讲话毒舌，还自以为幽默。比如他夸我长得白是"一白遮百丑"；我生病感冒，他说"趁你病要你命"；听说我滑冰摔倒，把手掌摔裂，他说"你好厉害"，我都被他气笑了。

生气会伤身，结了婚，广大女性朋友千万不能让自己变成怨妇。

04

两个人一起生活难免有摩擦，温和地提醒对方是最佳做法。

以前他晚上洗完澡，顺手就把热水器关了，等我要洗时才发现水不热。第一次，我提醒他，他还记得要帮我烧水；第二次，我再说，他就已经不把我说的话放在心上了；第三次，我直接变成问他"你到底爱不爱我"。

后来，我觉得为小事较真很没出息，于是写了个便利贴贴在热水器上提醒他，从那以后，他再也没忘过。

婚后，我们要尽量多看对方的优点，逮到了就拼命表扬；尽量少看对方的缺点，并且以积极的心态来看待；影响到自己时，就温和有效地提醒。

我越来越觉得，一个人越满意自己的人生，就越容易忽略对方烦人的行为。

双方吵架时，谁做错哪个点，就为哪个点道歉，双方都要克制住想要前后延伸的冲动。有些话，我们心里可以知道，但永远不要说出口。

总有人动不动就叫嚣"这年头谁没了谁不能活""离了谁地球都照样转"……我觉得这种话，在婚姻存续期间最好不要当面说，尽管这是真的。

感情是积分制，每次对方做了你受不了的事，你就在内心的小账本上扣分；每次对方做了让你感动的事，你就加分。

婚姻的分崩离析，无非是扣分项太多。你若把爱都扣完了，到时与对方体面分开即可，放狠话最没劲，明面儿上是在骂对方，其实难过的是自己。

结婚前，多说适度的狠话；结婚后，多说夸张的好话。

结婚前，多看对方的缺点；结婚后，多看对方的优点。

结婚前，把婚姻当成大事；结婚后，把婚姻当成小事。

好的伴侣，能让你变得没脾气

01

身边的一个女友让我介绍合适的男性朋友给她。我问她择偶标准，她说首选暖男，因为她很受家人宠爱，希望找个能够包容她坏脾气的伴侣。

我不太喜欢暖男，想法和作家冯唐类似，认为暖男就是"智商、情商、能力、体力、外貌、资产平平或偏下，但够闲、够耐心、够热爱琐事，总在安慰，很少缓解，从不治愈"。

我对伴侣的性格品行、思维方式、行为模式、生活习惯、原生家庭更看重，比起会不会哄我、让没让着我、让我拥有近乎任性的情绪自由，前者重要得多。

每次看到有文章说，遇到把自己宠成公主、宠成孩子的男人就嫁了吧，我的内心都在强烈地说"不"。

在我看来，恋爱也好，结婚也罢，我们不要找容忍自己坏脾气的人，而是要找让自己没脾气的人。如果你从小在家当小公主、小孩子当惯了，婚后还试图延续在原生家庭中的角色和生活方式，偶尔为之可以增添情趣，长此以往，在这样不成熟的关系里，一方心力交瘁，而另一方则会感到不满。

02

很多时候，男人在追求你时会恭维你、宠爱你，但步入婚姻后，男人要打拼事业，要谋划未来，就算想把你宠成公主或孩子，有时候职场压力也会让他变得脆弱，生活压力也会让他倍感疲惫。

男人宠妻的情况当然有，但我还是倾向于认为这只是生活的一个横截面，很难想象男人会日复一日、乐此不疲地坚持。有时我在社交网络上看到别人展示恩爱和幸福，感觉就像看电影预告，精华全在这里了。

我觉得，好的婚姻是建立在互相欣赏、尊重和爱慕的基础上的，需要两个成年人共同去维系。只有拥有成熟的人格，才会有成熟的爱情。

03

年纪尚轻时，我看到别人的男友或老公无条件地以女生为中心，也会萌生出羡慕、嫉妒、恨的情绪；到了如今的年纪，我仍然相信世界上确实有这样的感情，但我确定，这种小概率事件不会落到我头上。

我是独生女，从小被爸妈宠爱着，小时候想说什么就说什么，想发脾气就发脾气，若和父母意见不合，就气冲冲地跑进卧室锁上门，为此我没少挨批评。

我和老公刚恋爱时，知道再过几个月就要面临异地恋，所以非常珍惜在一起的时光。有一次，我生他的气，他不知道我生气的原因，但也态度很好地说："如果你生气的话，肯定是我没做好，以后会尽力做好，不让你生气。"

后来我们结束异地恋，好不容易在另一个城市相聚，问题和摩擦却相继爆出。以前宠着我、顺着我，说尽各种甜言蜜语、非常体贴的他，也会跟我吵架、冷战。

回顾我们的恋爱磨合期以及婚姻初期，之所以会出现争吵和冷战，其中一个重要原因是，我信了他曾对我说过的"如果你生气的话，肯定是我没做好，以后会尽力做好，不让你生气"的承诺。

我们争吵严重时，我会夺门而出。我第一次在外面住酒店，他担心得一夜睡不着觉。我第二次跑到小区的一处角落冷静时，他慌张地四处找我。后来我再跑出去，不管我"跑"得有多慢，他都没有再追上来。

事不过三，后来我也不会轻易被气跑了，因为晚上在外面很怕会出现意外。而且年纪越大，我越发现自己没有体力再玩这种戏码，何况第二天上班怎么跟领导、同事、客户解释自己状态欠佳，平时花那么多时间和金钱做保养，一夜之间就被打回原形，多不值。

04

说实话，我老公做事靠谱、性格良好、安静内敛。我心情不好时他会哄我开心，但我常会因为没有顺心合意就放大音量，看他没有服软或认错，我就气沉丹田地放狠话。他受不了我大声嚷嚷，说话难听，被我逼急了，他就会跟我吵。

每次大动干戈后，我都会深刻反省，将心比心地思考，谁不是父母捧在手心里长大的宝贝？我需要关心和体贴，同样，他也需要。

我记得某次吵完架后，第二天他跟我道歉，我却爱搭不理。他说："我们每次吵架都是我道歉，你从来没有跟我道过歉。"

听到这句话时，我的心有种刺痛的感觉。至少那个时候，我觉得自己在婚姻里缺乏成长。吵架，双方都有责任，为什么每次我都觉得是他的错？为什么我总觉得生理期脾气差是理所应当？为什么我只顾着自己难过，却从没想过他的难处？难道我要在成年后的婚姻里，复辟小时候那个任性妄为的自己吗？

婚姻里，如果一方总是包容另一方的缺点，可对方一直抱着缺点不改，难道两个人真要守着这些缺点过日子吗？

双方意见不合很正常，但丑话也可以好好说。我的急性子和暴脾气没什么值得骄傲的，说出的伤人的狠话、气话，就像用订书机订过的纸，就算把订书针拔下来，但纸面上的两个洞已经留下了。

为了不触犯原则的小事跟他吵来吵去，我是有多见不得自己好，还要把他也拖下水？因此，后来每次吵架，我就尽量控制自己快要脱缰的脾气，他也在努力反思自己、改善自己，于是我们吵架的频率显著降低，感情甜度日益上升。

以前我觉得自己被气跑时他没追出来，就是他不在乎我的安全。现在我想通了，我才是自己安全和心情的第一责任人。

他以他的方式告诉我他的原则立场和他希望的相处模式。他让我意识到，婚姻里的双方是平等的，不要太以自我为中心，要考虑对方的感受。这是我在婚姻生活中得到的成长。

05

其实你有没有想过，为什么你在一段感情里总有发不完的脾气？

我的一个女性朋友，经常对自己的老公发脾气。有一次，我俩一起分析原因。从表面上看，是她对自己的老公不满意，其实真正的原因是她看不起自己的老公，心里存有下嫁的不甘和委屈，因此需要通过发脾气来发泄。其实，她这样做对己对人都是伤害。

而深层的原因更多的是对自己不满意。

我现在越来越觉得，对自己的生活越满意，对伴侣挑剔得就会越少。

就像弗洛姆在《逃避自由》中说："感情是一张温情脉脉的大被，掩盖着我们人生里许许多多切实的问题，其实质正是，我们是如此害怕真正面对自己的生命。"

婚后，我爸妈来和我们小住。我妈看到我们轻声细语地沟通，哪怕意见不合也会各让一步，幽默化解，就私底下和我打趣说，已经看不到小时候那个一言不合就甩脸子，翻脸比翻书还快的女儿了。她还感慨：真是一物降一物，女儿找到克星了。

我想，最大的克星与其说是那个教会我婚姻相处之道、持续提升自己、学会更好地爱自己伴侣的他，不如说是通过反思和成长，对自我满意度大大提升的自己。

我在婚姻里变得越来越没有脾气，总结下来有两股合力：一是伴侣的成长让我更加欣赏对方；二是自己的成长让我减少了挑剔。因为我的心情灿烂了，眼里的很多人、很多事也纷纷被我涂上了色彩。

女人如何平衡妻性和母性

01

在距离预产期还有四个月时，我开始思考这样一个问题，生完孩子后，我将如何平衡妻性和母性。

我有个习惯，在面对即将变化的身份时，我会提前让自己做优先级排序，以权衡在各个身份上的精力投放及预算。

我从出生至今，开始一直以女儿的身份活着，7岁到23岁是学生，23岁至今转为职员，30岁后增加了妻子和儿媳的身份，33岁又新增了母亲的身份。排除学生这个过去式身份，对于女儿和职员的身份，我有充足的时间适应和调整，如今已经驾轻就熟。对我来说，妻子和母亲这两个身份就集中发生在最近几年，所以我面临着新的挑战。

鲁迅先生曾说："女人的天性中有母性，有女儿性，无妻性。妻性是逼成的，只是母性和女儿性的混合。"母性是与生俱来的生物属性，是无条件地爱孩子；妻性是后天习得的社会产物，是知分寸地爱伴侣。我眼中的妻性不是维护社会秩序和婚姻制度的工具，也不是旧时女性依附并取悦男性的思想。

我考虑的妻性没那么深远和宏大，只是聚焦而具体——作为一个男人的妻了，为他做了些事，我会不会更加快乐？会就去做，不会就舍弃，我在整个过程中毫无被要求、被强迫的感觉。

在我看来，好的二人世界，丈夫会提升"夫性"，妻子也会修炼"妻性"；好的三口之家，爸爸要会学习"父性"，妈妈也会升级"母性"。

02

《圆桌派》有期关于"母女"话题的节目，谈到了女人的妻性和母性。节目里谈到这样一个观点：有些女人的母性更强，那么孩子的出生会让母亲更幸福；有些女性的妻性更强，孩子的出生则代表着强行夺走部分妻子从丈夫身上得到的爱，那么母亲和孩子之间的关系就会变得紧张。

我认识一个在我看来妻性重于母性的朋友。她很会撒娇，也很爱打扮，深得老公的宠溺。她给老公发的信息、打的电话，旁人若是看到、听到，准会掉一地鸡皮疙瘩。

她生完女儿后，曾有轻度产后抑郁，事后她跟我说，一是觉得自己不太想扮演、也不太能胜任母亲这个角色；二是觉得生完孩子后，身材走样，魅力降低了；三是嫉妒孩子瓜分了老公的精力和爱心。

而有些女人则是母性占上风。我的女同事小北，以前夫妻二人感情顺遂、恩爱甜蜜。但孩子刚出生就出现较重的病理性黄疸，需要留院治疗。她想孩子想得连月子都没坐好。孩子痊愈回家后，她在失而复得的心态加持下，对孩子极为上心。

她在照顾孩子上亲力亲为，担心孩子擦出红屁股，几乎不用婴儿湿巾；担心辅食产品含添加剂，尽量自己做一粥一饭。在她的孩子5岁生日那天，我去她家做客，发现她称呼老公为"孩儿他爸"。那天因为她老公对孩子的照顾方式没有达到她的高预期，她当着我的面责骂她老公。

我在一旁十分尴尬，看着眼前的两人，他们的关系似乎有且仅有共同抚养孩子的合伙人这一项。对小北来说，她的心里、眼里全是孩子，爱情、工作、友情、爱好，似乎早已沦为生活的背景。

其实妻性更强或母性更强，是每个人经过充分考虑后做出的选择，别人没有资格说三道四。在我看来，对自己、对家庭、对孩子来说，妻性和母性的关系如果处理得不好，就会给生活带来巨大的隐患；如果处理得好，对各方则大有裨益。

03

多年前，我看过一本心理学书籍，其中提到女人的优先级排序，书名和作者已经记不清了，但我清晰地记得书中那幅由几个同心圆构成的图像：位于最中间的圆圈内标注着"自我"，从内向外的第二个圆圈内标注着"夫妻"，第三个圆圈内标注着"子女"，第四个圆圈内标注着"父母"和"好朋友"，第五个圆圈内标注着"亲戚""同事"等。

这和我当时心中的排序基本吻合。这些年，我的默认顺序也是自我＞夫妻＞子女＞父母，这个序列曾多次帮我捋顺生活中的乱麻。

我现阶段的人生是身份做加法，每个身份的新增都是以混乱的姿态破门而入，假以时日再进入乱中有序的状态，最后形成新的平衡。相对而言，我更害怕身份做减法的人生。

我也曾质疑过这个序列。几年前，我妈患癌症做手术，我去看她，在医院里支了张行军床，帮她接尿、洗脚等。看着她瘦骨嶙峋、有气无力的样子，我不管不顾地想要辞掉工作回家照顾她。那时我的价值序列里，"父母"被置顶了。可是当妈妈的病情好转，生活恢复正常后，我的价值序列又渐渐恢复了原状。

人总是这样，眼前的蜡烛最明亮。所以，我预测生完孩子后，在小生命和身体激素的影响下，"孩子"也会成为我的"最高级"。我可能会蓬头垢面、狼狈不堪地照顾孩子的吃喝拉撒，可能会像提线木偶般被孩子操控着喜怒哀乐。孩子一笑一乐，我的世界就会被点亮；孩子一哭一病，我的天空顿时就会变得暗淡。

我会用自己直接的"母性"去激活老公间接的"父性"。我们一起学习，共同成长，手忙脚乱地度过育儿"新手期"，成为更好的父母。我还有自我和梦想要去实现，还希望和伴侣有甜蜜的火花，还会回到原来的价值序列中去。

在孩子出生前，关于妻性和母性的问题，我的答案是：在寻常日子里，是自我＞夫妻＞子女＞父母的价值序列基调；在孩子出生后的"新手期"，顺其自然地让母性＞妻性；等适应了母亲的身份后，再把妻性渐渐拉回到母性之前。

最关键的是，不管怎样，都别忘了自我，因为只有好好爱自己，才能散发出爱老公、爱孩子、爱父母、爱朋友等一切爱的光源。

爱默生说："一个人对这个世界最大的贡献，就是让自己幸福起来。"

融洽的婆媳关系不会自动降临

01

有一次，我和朋友说起自己和公婆相处融洽，她劝我话不要说得太早，等有了孩子，感受几年再下结论。可我依然乐观。

首先，找到喜欢且合适的另一半，复杂的家庭问题会变得相对简单。我和老公的原生家庭有相似性，父母都需要工作，下班回家后都要做家务、带孩子。我们也沿袭了这种观点和活法。我对公婆心怀感激，因为他们养育了我老公。感情的事，各花入各眼，在我对老公"情人眼里出西施"的阶段，看待他的家人也像戴着柔光镜般。

其次，通过长时间的相处，我发现了公婆的人格魅力。

公婆三四十岁时辞去老家稳定的工作，去了深圳打拼。我喜欢听他们的奋斗史，聊到尽兴处，我会跟他们从客厅聊到卧室。他们倚在床上，我坐在床边的椅子上，婆婆让我把腿伸进被窝。我爱听他俩讲他们在改革开放初期的经历。

我和公婆在一起喜欢聊老公不感兴趣的国际新闻大事件、国家历史和军事展望，也会说些洁癖老公出现前各自收东西、搞卫生应付"检查"的段子。我不太喜欢和公婆聊家长里短等过于日常的话题。

02

虽然看到很多人为婆媳关系发愁，但每个人遇到的情况有所不同，我也立足于自身，谈谈对婆媳关系的三点思考和做法。

1. 对人性层面的预知和预防

我在网络上看到有些女性感慨婆婆始终不是妈，生娃后，与自己相比，婆家更关心小孩。我理解其中的委屈。但我想说，这很正常。如果没有老公，我不会认识公婆，更不会叫他们爸妈。可以说，如果没有老公，我和公婆不过是陌生人。

从血缘关系来看，公婆与老公有血缘关系，与孙子、孙女有血缘关系，但与儿媳没有血缘关系。他们更在乎儿子、孙子或孙女，我能理解。如果我爸妈把女婿看得比我还重，我也会难以理解。

朋友曾给我打预防针，说再好的婆媳关系也经不住生孩子的考验。我说，那我就尽量减少考验。怀孕期间，我跟老公和公婆聊过，孩子刚出生，老公照顾我，公婆看孩子，咱们各司其职，阵形不要乱。

听说婆媳问题高发于女性的月子期。我自许为坚强女性，但如果身体变得脆弱，意志也会薄弱。生完孩子后，对我来说正是身体被掏空的时候，需要专人照顾我和孩子，所以我选择了住月子中心，养精蓄锐，让专业人士高密度地教我科学的育儿知识。

我和老公笃定地相信，我们俩是相伴到老的伴侣，直到感情破裂或死亡才能把我们分开。公婆看着我们过好了自己的小日子，建设好了我们的小家庭，他们的儿子变得更好、更幸福，这对他们来说是很大的安慰。

2.做老公和公婆的双面胶

老公不善于表达感情，包括对他爸妈。我俩在家时，他会跟我感慨爸妈养育他的辛苦，夸他妈做饭好吃，心疼二老的身体；我俩品尝美食、饱览美景时，他希望爸妈也能吃到、看到；每次发工资也会想着带他们去吃大餐；家里的吸尘器想给爸妈用，因为担心他们弯腰打扫屋子会腰酸。

可他和公婆相处时的表达完全与关心和感恩不沾边。每次去公婆家，看得出他们提前收拾过一番，而我老公偏要说东西不用就要"断舍离"；他们做了一大桌好菜，我老公偏说盐放多了，还说不如哪家店的哪道菜好吃。一旁的我听得着急，他把关心和感恩表达出相反效果的特长真是让我惊诧。

女人更懂女人，我想把老公行动背后的甜言蜜语翻译给婆婆听。就像看电视剧一样，明知人物之间感情深厚，但误会让他们不知彼此的心意，我都想冲进电视机里，帮他们解释清楚。

我如实地告诉婆婆，老公吃到好吃的东西时，总说要带你们去尝尝；老公时常感恩你们的辛苦养育，总说要买些家电帮你们减负。婆婆听得热泪盈眶。

我也会把公婆说的爱他、疼他的话转述给他。有一次逛街，婆婆本来和我手挽手走着，过马路时，婆婆看到他走在前面，就本能地上前站到他身边，而且是汽车迎面开来的那一侧。

他们有自己的相处模式，但我想"不吃力，又讨好"地做个双面胶，用自己细腻的心思和感性的表达帮他们互通心意。

3. 坚持"一以贯之"的价值观

朋友在国外生活，曾说国外的父母多么开明、多有分寸，不干涉儿女的生活。但她也说国外的父母很少会帮子女买房、带娃，不想因此降低生活质量。

在我们的国情下，父母帮子女付买房的首付款、带孩子时，子女也很感恩。但父母对子女的消费习惯、饮食习惯、作息习惯提出建议时，子女又会抱怨。

高晓松的父母曾对他说："你选择一种世界观，就要一以贯之。"不能在想要独立时，就希望父母有国外的父母的观念；月底伸手向父母要钱，把脏衣服带给父母时，却又突然切换，希望父母拥有传统的观念。

我爸妈和公婆的界限感很强，平时基本不管我们俩，但他们也说，以后我们带孩子需要帮忙就尽管开口。

在特定阶段，我们肯定也会让双方父母帮忙带孩子。我大概能预料到会有不少矛盾发生，但我从不期待双方父母能集"与时俱进、性格温和、聊天有趣、热爱科普"于一身，因为我也做不到。

尤其在育儿观念上，以朋友的经历为鉴，我们对孩子严格要求时，老人惯着孩子；我们照书上的知识养娃时，老人用以往的经验养娃。但说实话，我对这些矛盾也特别想得开。因为即便我们有经济能力请人照顾孩子，但始终还是不够放心；而双方父母也没有义务替我们照顾孩子，所以我们要尊重他们的付出和育儿观念。

03

我怀孕期间遭遇疫情，明知道负能量不好，但还是无法做到视而不见；嘴馋时，明知道重口味不好，但还是会吃。孩子在我肚子里时，我这个当妈的尚且不能帮她屏蔽一切不良因素，更何况在她来到这个世界上以后。

我的保护作用只会越来越弱，孩子会直面所有家庭成员性格和认知中好与不好的那一部分，她将接收到表达不同，但本质相似的爱。哪怕我狭隘地认为，自己对孩子的教育才是正确的，也会把其他家庭成员的教育当作补充。对孩子来说，多元且有层次的爱更健康。更何况，当她步入社会后，不是所有人都会像家人这般爱护她。

就我个人而言，没有哪个人、哪本书、哪段经历决定了现在的我，哪怕之前我也吸收过错误的教育，但我依然可以凭着自我学习逐渐纠偏。

我希望我的孩子能明白，每个人都像宇宙飞船，当某天我们要离开母星时，要做的不是一直抱怨过去的伤痕，而是要不断修复、加固自身，去拥抱浩瀚的宇宙。

每个人都不可能达到完美，但我们会尽力保护孩子的健康和安全，竭尽全力地提供更好的家庭教育和氛围。不过，孩子最终能成为什么样的人，还得看他自己的造化。

我想营造充满欢声笑语的家庭氛围，而建设好婆媳关系也是其中非常重要的一环。然而，美好和融洽不会自动降临，需要你一边行进，一边摸索。

为何婚前一定要尽早见男方的父母

01

有段时间，我刚听到表妹哭诉"我和男友感情已经很稳定了，没想到他的家人却强烈反对"，马上又听到朋友发飙"之前要是知道婆婆会逼我辞职回家带孩子，说什么我也不会嫁进他家"。

论坛的帖子里，很多人在抱怨"极品婆婆"的爱子行径；新闻报道里，也不乏婆媳关系不和导致的社会问题；现实生活中，多的是娘家、婆家的一地鸡毛。爱情诚美好，可婚姻不单关乎两个人，它连接的是两个家庭。

每当看到准儿媳紧张地接受婚前男方父母的"大考"时，我心里就会发出疑问："谁给他们挑剔你的权利了？你为什么不先主动挑选他们？"每当我看到已婚女士以"万万没想到"的语气吐槽婆家时，我就非常不解：嫁人前，婆家人的生活习惯和家庭观念就是那样，你当年是"盲嫁"吗？

在我认识的女伴中，大多数都是先与男友认定彼此，快谈婚论嫁时，才去见双方的家长，我觉得这样做至少有两大弊端：第一，初次见面就是准儿媳和准公婆的关系，仪式感过于重大，又缺乏铺垫，心态紧绷导致言行失真，日后容易与角色期待形成差距；第二，在感情较深的基础上，一旦关系崩坏，心理创伤大，恢复周期长，麻烦更多，怨念更深，以后的关系定位就会变得更加复杂、微妙。

02

其实，把见父母作为前奏也不错。我和老公开始只是互有好感的朋友，在我还没答应做他的女朋友之前，他就邀请我去他家吃饭。我当时的第一反应是，八字还没一撇呢，这会不会太早了？

他跟他父母的说辞是："我想请我正在追求的人来家里吃顿便饭。"他跟我的说辞是："你去我家感受下我的家庭氛围，也许更能增进你对我的了解。"我觉得他的话在理，反正闲着也是闲着，就去他家做客了。

以前，我一直觉得准儿媳见未来的公婆是个极为尴尬的任务，可那天因为大家都没太多心理负担，他爸妈就把我当作他的同学，我也把他爸妈视为普通长辈，大家聊天自然随意，气氛也轻松、愉快。

我和他的家人没有产生"排异反应"，甚至一见如故，相处得融洽自在。他爸妈的恩爱与教养，以及他与家人相处时的自然状态，在我看来都是加分项。

每个人身上都携带着胎记式的家庭烙印，父母恩爱是对子女最高级的爱情启蒙，原生家庭成员的交流方式会对以后的小家庭产生指引作用。而一位人格独立、有事可做、被丈夫宠爱的婆婆，基本已经剧透了将来相对顺畅的婆媳关系。

在这种不太正式的会面下，你更能看出彼此不拘束、无压力的生活状态，也能更加全面、真实地认识他和他的家人。经过仔细观察，对于成家后你老公是否顾家、爱不爱做家务、会不会照顾人，婚后公婆是否会与你们同住、能否尊重你的职业发展，你都能提前得到一些提示。

我身边的一位情感达人也坚持认为，男友还在追你时，你就该去见见他的父母，理由是："他父母知道儿子在追你时，如果觉得你还不错，二老也会帮儿子齐心追你；但如果他的父母得知儿子已经把你追到手了，就算你再好，二老也会忍不住给你个下马威。"

03

对很多人来说，双方的家庭是我们在感情行进中不可避免的问题，既然如此，见父母这件事，宜早不宜迟。

大学时的一个舍友，大三时交了个男朋友，才相处半个月，男朋友的母亲就从老家赶来学校看她。原来，她是男朋友的初恋。男朋友的母亲独自把他带大，得知儿子这么重视一个女孩，爱子心切的母亲第一时间前来把关。

他们是在校外的一家饭店见面的，见面体验很糟糕。听说他母亲不苟言笑，严肃且强势，堪称场面冷凝剂，初次会面，居然就问起舍友有无遗传病史。更夸张的是，他母亲还嫌弃舍友个子矮，委婉地反对他俩交往。

我们听说后，都对舍友的这段恋情不抱希望。可没想到，她的男朋友一直从中协调，向母亲不断诉说舍友的优点，向舍友持续普及母亲的艰辛与难处，在他的努力下，两个女人渐渐和解。这段感情的走向居然出现了戏剧性的转折，最后他俩研究生毕业后就步入了婚姻。

他们举办婚礼时我无法到场，只得在电话中远程祝贺，但我还是操心她们婆媳相处的问题。舍友倒是想得开，说："我婆婆确实有苦衷，多亏我早有心理准备。当我和老公相爱并决定结婚时，我也决定了要体谅婆婆，况且这几年下来，我和她的相处也越来越好。"

早点了解情况，早点做出选择，早点磨合婆媳关系。爱屋及乌也好，就此别过也罢，总比一路被动强。

而我认识的另一个女生，她通过相亲认识了一位本地男生，"来电"后两人开始交往，可男生绝口不提见父母的事。我们一直提醒女生，要制造机会去见他父母。一年半后，女生坚持要给男生父母送特产，双方才见了第一面。男生父母因为女生家境平平而趾高气扬，对她爱搭不理。

男生应该早就知道父母的品行，所以才一拖再拖。后来，他母亲强行逼迫两人分手，软弱的男生不干不脆地放弃了这段爱情。这对深陷爱情中的女生打击很大，导致她的情伤久治不愈。

如果你的男朋友根本没打算带你见他的父母，或者当你主动提出后，他却以各种理由推托，那可能他对这段感情并不抱有希望，又或者他性格软弱，因不想直面冲突而选择拖延。

女生的感情多是循序渐进、逐渐强化的，情感深化之前的知情权，就像办理某项业务前勾选"已阅读并同意该协议"，一定要认真处理。将风险前置后，你就能清楚地了解他爱你的心意和魄力，以及自己即将面临的处境，甚至判断这份感情是否值得坚守。

我也不认为你和男朋友的父母三观相反，就必须完全否定并终止这段感情，关键取决于你的男朋友如何处理相关问题，以及你对这份处理结果的接纳程度。

一个对感情轻言放弃的男人，一份不被父母祝福的婚姻，一段经不住考验的恋情，早知道比晚揭晓强太多。说到底，我还是喜欢把选择权握在自己手中的感觉。

既然你是豆腐心，何必动那刀子嘴

01

某次我和同事出差，我们俩共住一个标间。晚上她做销售的老公喝多了，忘记她出差不在家，还打电话让她去饭店接他回家。她几度打断电话那端迷乱、含混的声音，扯着高八度的嗓音质问老公跟谁喝酒，"这次不管你了，下次长点记性吧！"然后她像机关枪一样扫射出一串掷地有声的抱怨："老大不小的人，怎么这么不让人省心？我怎么倒霉到专业擦屁股二十年……"

挂断老公的电话后，她又强忍着余怒拨通了婆婆的电话，交代清楚老公的情况后，又拜托二老去接她老公。就在通话快结束时，她又讽刺地追加了一句："看看您这好儿子！"

关灯后，同事要么翻来覆去地感慨老公应酬不易，要么就是给婆婆打电话询问进度。我当时就很纳闷，她明明是情真意切地关心自己的老公，为什么非要表现得怨气冲天？为什么她不在老公求助时只表达关心和爱意，非要说出那些副作用巨大的伤人的话？为什么她不在与婆婆讲话时注意分寸，非要在老人心里补上一刀？

可能她的公婆一路上除了担心儿子，还多了其他心理包袱；她老公酒醒后，其他事情可能都断片儿了，只记得她的刻薄话。她还真是"刀子嘴，豆腐心"的形象代言人。

在我看来，"刀子嘴，豆腐心"是性价比最低、最损人不利己的表现。一个人明明心怀善意，却偏要自导自演出一系列抱怨、责备、争吵的戏码，遮盖住底层的好意，非要给自己的人际、工作、情感埋下杀伤力巨大的雷。

我身边有不少"刀子嘴，豆腐心"的范例，他们说话的前缀通常是"我这个人说话比较直""说句你不爱听的话"。他们话里的内容让人感到不爽却不好意思发作。他们说话的后缀常常是"我这么说都是为你好"。看你面露难色，他们又会说："我就开个玩笑，你还当真了？"他们更有终极大招："我是跟你合得来才跟你说笑。"仿佛他们伤害了你，你不一笑而过就是不识好歹。

02

我以前常会被拥有"屠龙宝刀嘴"和"小李飞刀口"的人说出的话影响心情，因为我尽力扬长避短遮掩的缺陷，他瞬间当众揭发；我没有采纳他的建议，他仿佛早就等着糟糕的结果出现时第一时间说"不听老人言，吃亏在眼前"。

遇到这类说话带刺的人，我心里多想自费把《蔡康永的说话之道》和《演讲与口才》全年合订本送给他们。此外，我还必须马上把收藏夹里命名为"速效救心丸"的鸡汤文章读上几遍，以强化抗压能力，筑牢心理防线。

惹不起，我就躲。后来，我就开始远离这类长着"刀子嘴"的人。有一次，一个口无遮拦的朋友看出我在有意疏远她，就找来我们共同的好友求和解。好友劝我说："你别生气了，你还不知道她吗？她就是刀子嘴，豆腐心，她心是好的，就是嘴上不饶人。"

刀子嘴，豆腐心，真是一种诡异的逻辑。说出的话语，应该是内心想法的映射，真正善良的人，说话时会以己度人、换位思考。而牙尖嘴利、得理不饶人、朝着对方的软肋发起语言攻击的人，谈何宅心仁厚呢？

据我总结，经常拿"我是刀子嘴，豆腐心"为自己开脱的人分为两种。一种人是没有自知之明，认为刀光剑影地讲话才是感情亲密、不见外。另一种人是意识到刀子嘴是种语言暴力，但是情绪爆发时，大脑一片空白，于是选择先发泄完再说，事后自省时才捶胸顿足。这类人会差别化对待，对越亲近、越弱小的人说话越会不经大脑。

这类人，且先不上升到自身修养、情绪管理和情商的层面，就从每个人都渴望被赏识、被尊重的层面来说，他们可曾想过，自己口无遮拦的一句话，可能会打开对方负面情绪的阀门？他们打着"豆腐心"的旗号说刻薄的话，怎么还怪别人气量小，开不起玩笑？

在我看来，刀子嘴和豆腐心根本不会同时发生，至少他们在出口伤人的瞬间，大脑中无意识地闪过一丝不愿承认的邪念。别人获得赞美时，他们脱口而出的醋话，反映出的是他们心底的羡慕与妒忌；别人遭遇困难时，他们情不自禁冒出的冷嘲热讽，暴露了他们潜意识里的幸灾乐祸。我认为，口不择言放狠话的当下，他们多少有点刀子心，只是恶语讲完、恶气撒完、恶意散尽，然后才恢复成豆腐心。

豆腐心就不能有张"豆腐嘴"吗？当我陷入低谷难以自拔时，好友会用我能接受的方法开导我。从他们权衡再三的言行举止中，我能明白他们的克制和诚意，这是我最喜欢的豆腐心——将心比心，因为他们舍不得让我难受、难堪。

第六章

最怕你碌碌无为，还总热衷宏大叙事

大多数人面对的都是"出门办事"级别的问题。喜欢宏大叙事的人，乐观者会产生"虽没出门，事情已办"的虚假幻觉，悲观者会产生"不敢出门，没办成事"的畏难情绪。但是，我们与其沉迷于宏大叙事，不如做好手头小事。

越沉迷于"宏大叙事"的人，越成不了事

01

一位同事带着5岁的女儿来我家做客。通过聊天我发现，她对我家附近的实验中学、小学的师资、教学和毕业情况特别了解。原来，她两年前就想换学区房，那时的房价还能接受。可她老公总说买房的宏观大道理，从城市的工资水平，到东三省的经济发展，再到国家的购房政策，言谈之间都是泡沫、杠杆、走势之类的词汇。

每次商量后，她老公都觉得"现在不是换房的最佳时机"，于是换学区房的事一拖再拖，最终拖到房价翻倍。同事捶胸顿足地说，后悔当时被她老公的"宏大叙事"唬住，其实宏观跟他们关系不大，他们面临的最迫切的问题是：想不想让孩子上好一点的学校，以及家里的钱够不够多。

以我的观察，针对一件特定的事，站的立场越高，大词、大句的使用频率越高，往往越是在逃避对具体问题的思考，透支做事的

热情，最后可能越难以完成。

在某年的《时间的朋友》演讲中，罗永浩对比了做事的人和不做事的人的区别。他提到，不做事的人最爱探讨大而抽象的问题：情感和理智哪个重要？理想和现实怎么平衡？远方和苟且如何选择？着眼未来和回到初心该选哪个？而做事的人考虑的问题更加务实，都是关于见招后怎么拆招，最关心自己手头的事情具体的难处。

薛兆丰说："宏观好坏就像全球平均气温，你要是关心人类的命运，平均气温就有价值。但是你今天要出门办个事，它真没啥用。"

大多数人面对的都是"出门办事"级别的问题。喜欢宏大叙事的人，乐观者会产生"虽没出门，事情已办"的虚假幻觉，悲观者会产生"不敢出门，没办成事"的畏难情绪。

我们与其沉迷于宏大叙事，不如做好手头上的小事。

02

热播电视剧《大江大河》中有个细节，恢复高考后，宋运辉好不容易才考上大学，连排队打饭都在认真看书，而排在他后面的室友则爱谈人生理想。

室友问宋运辉："你的理想是什么？"

宋运辉："下午学完函数的基本点分类。"

室友："我是问你的长远理想。"

宋运辉："这个星期学完函数的连续性。"

我很欣赏宋运辉的性格。他想改变命运，报效祖国，但想一下就止住，转头继续全力以赴地做好该做的事。

宋运辉主动申请为全班读报，知晓国家政策，把握时代脉搏，但知道归知道，他没有整天想来想去、说来说去，而是将其化作研究科学知识的原动力。不像他的室友，爱聊人生、谈理想，喜欢一切宏大叙事，将自己大把的时间、精力花在坐而论道、纸上谈兵上。

在别人谈理想的间隙，那些不动声色、分解理想、将目标落实到每一天的人，已经越来越接近自己的理想了。

03

微博上有人问："你觉得过去几年自己最大的进步是什么？"博主河森堡说："不再热衷于宏大叙事，把精力更多地放在一个个生活中的具体问题上。"

我深有同感，因为我曾经就是个热衷宏大叙事的人。那时，我的日记里到处都是充满意识形态的词句。

大一时，我选修"专利课"。老师讲了个案例，高楼层的水被过滤后，可以用来给低楼层的住户冲马桶，以此收获社会效益和经济效益。我和选修课认识的同桌面面相觑，这么简单，我俩也行啊。于是我俩开始想发明专利，坐等着发财。

那时，我俩整天想，从"在指甲刀上装个小兜，这样剪下的指甲就能自动弹到小兜里"，到"给眼镜增加一个像汽车雨刮器那样的迷你雾刮器的近视一族的火锅专用眼镜"。可惜我们只是想，却没有真的去做，真是"一通畅想猛如虎，迟迟不动二百五"。

这件事教给我一个道理，用《士兵突击》中的台词来说就是：想到和得到之间，还有做到。

大二时，我开始向缺点宣战。同学说经济发达地区的人大多重男轻女，我想不通，反正闲着也是闲着，就想实地调查下当地的生育观。于是我设计调查问卷，去问妇产科医生，去问产房的夫妇，还去计划生育部门和统计局做采访调查。从我的调查结果来看，当地居民并没有重男轻女的思想。

大三时，听说有的同学家长是渔民，台风后损失惨重。我和室友争取科研立项，探讨靠天吃饭的渔民的保险问题。我俩看书查资料后分头行动，她去保险公司，我去渔业局。记得当时我走进一个领导的办公室，那位领导给了我想要的资料，送我出门时，他还鼓励我说，大学生就要多做研究。

这两次的经验告诉我，别把还没做的事想得太难，去之前就做好被拒绝的准备，实际操作比想象中顺利得多。

我见过这样的人，甚至我曾经就是这样的人——爱展望，爱分析，利弊得失说得头头是道，但过度思考，不去落实，最后虚度了光阴，错失了发展机会。

你怎么知道你设想的对不对，总得亲自去做才能得到验证，要让真实问题暴露出来才能纠偏。

04

1. 做人，别想得太远

辩手马薇薇有个演讲，叫《20岁不要想象30岁的生活》。她小时候每次进城都要乘40分钟的公共汽车，道路非常颠簸，却只能站着，只有售票员永远有座位，于是她树立了"做一名公共汽车售票员"的人生梦想。

等她长大后，公共汽车改成无人售票了，她失去了人生定位，迷茫了好一阵子。她说："我们在生活中到底该怎么做呢？很简单，做小事，从最小的事做起。不要每天回家都想，我的宏大理想是什么？而是每天去做一件又一件的小事情。"

2. 做人，别让"想"耽误"做"

在一次采访中，记者问张钧甯："你这么爱运动，如何劝说那些在犹豫今天要不要运动的人？"张钧甯说："在你犹豫的时候，你先穿上跑鞋下楼，这样当你还没做好决定的时候，可能已经跑完回来了。"

05

最怕有人动不动就问：这个世界会不会好啊？现在的人都怎么回事？人生的意义是什么？

最怕有人动不动就感叹：一个时代结束了，今年是最难就业的一年，现在做什么都不容易。

最怕你做不好手头的小事，却整天热衷于宏大叙事。

办了一年的健身卡，被懒惰卡住；雅思要考7分，被"abandon"卡住；种草小众旅行地，被做攻略卡住；想和朋友逛街，被油头卡住……任何小事都能把你卡住，你嘴里的宏大愿景什么时候才能实现？你离事成，永远隔着"马上去做"的距离。

这些年来，我逐渐压缩自己在"畅想未来，宏大叙事"上的精力，把更多宝贵的时间留给手头要做的事情。因为乐观的宏大叙事者容易把"想"当成"做"；消极的宏大叙事者，容易被吓到不敢做。

我始终坚信：所谓才华，就是基本功的溢出；所谓未来，就是手边事的聚合。

你那么平庸，是因为泛见识太多

01

在某期《非你莫属》节目里，第一位女选手，大学本科和硕士研究生读的都是供应链管理，有海外留学背景。专业展示时，她说起宜家在物流方面的成功特色："宜家引进把仓库和商品相结合的家具市场，客户觉得像在逛仓库，这样更容易把产品推销给客户。"

她刚展示完，一位嘉宾就批评说："这属于业余爱好者的回答，和供应链不相关。"另一位嘉宾质问道："你知道研究生和本科的区别吗？本科重在打基础，研究生阶段，对整个架构和体系，从研究到实践，都要有深度作品。"

第二位男选手曾在地铁系统工作，后来教雅思英语。他这样介绍自己："在英语专业里，机械学得较好；在机械专业里，英语学得最好。想找培训类工作。"嘉宾直接与选手用英语对话后，发现他英语口语不够流利。

对于他想找培训类工作这件事，有嘉宾认为他有潜质，只需安排教学内容即可；有嘉宾反对，认为培训师必须很专业、有经验，才能调动所有学员的学习热情。

我的判断是：他做初级讲师可以，但做高级讲师够呛。

在我看来，这两位选手身上携带着多数人的通病——泛见识多，深见识少。"泛见识"就是缺乏由量变引起质变的理论和实践，经不起细问。这类人看东西浮光掠影，想问题点到即止，只追求表面了解，忽略了深层意义，在某方面曾经模糊地接触过，就自认为有见识。

在职场上，拥有泛见识的员工就像肥皂——所见即所得，还满是泡沫；而拥有深见识的员工就像冰山——除了上面的可见部分，底下还有强大的知识储备。

对于一般领域有泛见识就罢了，如果连专业领域也充斥着泛见识，那就很可怕了。

02

泛见识多，深见识少，有多坑人？

1. 因泛见识而沾沾自喜、忽略行动

作家蔡垒磊前几年遇到一个人。那个人从小地方来，接收的信

息少，但他看到几篇励志类文章，觉得很有道理，就把这些内容摘抄下来，还剪下一部分，时刻激励自己的行动。后来，他比大部分同龄人都优秀。

为什么很多比他见识广的人反而在怀疑、犹豫、鄙视、嘲讽中一无所获？源于他们的一种通病——泛见识多，深见识少。

因为泛见识多，所以对知识品质的要求变低；由于信息过量，停留在每个知识点上的时间变少，思考的深度不足，导致欠缺相关问题的推演能力。

2. 因泛见识而变得狭隘、小看他人

朋友做东，邀请曾留学美国和日本的海归男吃饭。海归男全程指点江山，一会儿说国外某领域的研究领先中国十年，一会儿又说已把欧美和东南亚各国都旅游了个遍。可论及专业，他错误频出的谈吐让人生疑；论及旅游，他的谈资也仅限于网红打卡景点。

后来，他让朋友给他介绍相亲对象。朋友提到一位十分优秀的姑娘，介绍了姑娘的诸多优点，当谈到女方的年龄时，被海归男打断了。1983年出生的海归男一听女方是1987年出生的，就直言女方年龄太大了。

泛见识可能比没见识好，但如果以为自己有见识，就变得狭隘，看不起别人，简直比没见识还恐怖。

03

拥有深见识的人，往往一句顶一万句。有人问日本料理和法国料理的不同，有泛见识的人会罗列菜名，讲冷知识，提供大量无关信息来炫技。而有深刻见识的山本征治说："日料是减法，法餐是加法。"这完全满足了大众对专家回答的期待。

无印良品的艺术总监原研哉说："白色不是一种颜色，而是一种感受，代表空的感觉。"这话让我瞬间体会到设计师化繁为简的专业洞见。

拥有泛见识的人往往滔滔不绝，用杂乱的信息冲淡焦点；而拥有深见识的人一下就能点到关键，一语道破玄机。

具备相关学习或工作经验后，我们只有扎扎实实地"打怪升级"，不辞辛劳地掘井及泉，认真动脑地举一反三，摆脱表面相似性，透过现象看本质，深谙"学而不思则罔"的道理，对规律和人性有深层次的理解，对爱好或职业投入热情和精力，才能拥有深刻的见识。

04

这个时代，很容易让我们产生泛见识而不自知。

一篇文章就能"道尽"行业干货，一个帖子就能告诉你某种人生体验，各类小视频中展示着各种行业技能，而专业化分工让大众只懂其中的一环。

或许对于一般领域，泛见识已经够了，但自己得清楚，哪些是泛见识；对于自己从事或爱好的领域，就要用心把泛见识转化为深见识。

1.好奇心

我的一个同学，曾在北京读大学。大一开学，她在校内网上发表疑问说北京地名怎么都是××屯、××营。过了一段时间，她写了一篇很长的帖子，详尽地叙述了北京各种地名命名的由来和历史演变的过程。好奇心的发酵，让她的知识变得丰盈。

好奇心是正反馈，会让你对越来越多的事情感兴趣，想要学习更多的知识。

2.执行力

一个北京大学的青年说，名校生都见过世面，但见过世面不是说出过国或去过"高大上"的场合，而是知道人为了做好一件事，可以拼命到什么程度，优秀到什么程度。

他们会做好每天的计划，像和今天签了合约一样，用一整天去落实，并在睡前给自己一个交代，拥有最强的执行力。

3.洞察力

在现实生活中，洞察和深思才是获得深见识的最佳路径，这样才能将辩证、逻辑、动态、对比、递进、发散、聚焦、复盘等思维工具用得很熟练。

我们每个人都听过"读万卷书不如行万里路，行万里路不如阅人无数"，而真正的精华在后半句上："阅人无数不如名师指路，名师指路不如自己去悟"。

你的"面子观"会废掉你

01

任正非说过一句话:"我唯一的优点是自己有错能改,没有面子观。"在他看来,"不要脸的人才能进步,在华为我最不要脸,所以我进步最快。我最不要面子,因为我知道自己有本事。我不怕任何人批评我,他们批评对了,我就承认错误。我们是为了面子走向失败,还是丢掉面子迎头改善呢?"

没有面子观的他,同样要求干部"不要脸"。他觉得,好面子的干部怎么能做到"三人行,必有我师"呢?迷恋面子的是没有学问、没有本事的人,"要脸"的干部都没太大出息。

成熟的人早已戒掉了面子观,而不成熟的人,面子观特别重。

前几天我收到一条问答,问A牌子和B牌子的手机,买哪个更有面子。

女同事的相亲对象,砸锅卖铁买了一辆好车,结果买完车连上保险的钱都快没有了。

旅行中去泡温泉，外套上印着醒目名牌标志的人，里面的内衣却松垮、残破。

朋友在家全职复习公务员考试，我劝她先找工作，一边工作一边备考，她说有编制才会被人看得起。

我理解的"面子观"，是行为上端着虚无缥缈的面子，用以补足心里敏感、自卑的空洞，稀释了做实事的热情，耽误了能力的精进，因太在乎别人的看法而"假造"自己，只为了迎合别人。

而所谓的戒掉面子观，是在规定和准则之内，抛开面子这层束缚，不把自己宝贵的时间、精力浪费在维护面子上。目标明确，路径自信，你要明白：你没有实力时，给别人的面子就是空头支票；硬要别人给面子，是讨好。没有本事支撑的面子，终究是泡沫。

02

某节目提到某主持人刚考入大学时被同学嘲笑普通话不标准，来自小县城的她并未感到自卑或远离同学，反而天天缠着身边的同学教她发音，但凡笑她普通话不标准的同学都被她拉来请教，后来再也没人嘲笑她。

再往前追溯，她考大学，面试时乡音浓重，做完自我介绍，院长就说："回去吧。"但她没有放弃，说自己还有一个加分项，于是跳了一曲《山丹丹花开红艳艳》。最终在她的"死缠烂打"下，院长同意让她在一个即将毕业的班跟读。

她曾晒过大学的成绩单："记得我第一次去四川电影电视学院面试,那时因为专业基础太差没有通过,但最后同意我跟着快毕业的一届读最后一个月。这一个月几乎没有人管我,我每天到学校后面的田地大声练习普通话。跟读一个月之后,我以第一名的成绩考入了学校。"

尽管她的主持风格众说纷纭,但一个从小县城来的、连普通话都说不好的女孩,奋斗成为了全国知名的主持人,如果面子包袱重,尴尬时就回避,被拒绝时就退却,后来的美好故事肯定也与她无缘。

比起想做成的事、想成为的人、想要的进步,面子算什么?

03

我曾收到一条私信,读者说,他毕业后做销售,每天"扫"楼,上门推销常被拒绝,觉得这份工作让他很没有面子。

很多跑偏的择业观都是把面子看得太重。其实面对面的推销更能锻炼销售技巧,了解客户需求,而且销售思维对人生的整个职场之路都大有裨益。《富爸爸穷爸爸》的作者罗伯特·清崎说:"每一种事业包括写书,都要推销。"据说,毕加索刚起步时,还曾假装普通顾客去画廊买自己的画,为自己提升知名度。

《有钱人和你想的不一样》的作者哈维·埃克早期在烘焙店打

工，从扫地、洗碗的杂活做起。他特别强调有人认为做这样的工作必须吞掉自尊，但他从来不那样想。他感激有机会花别人的钱来学习，自己想办法找经理聊有关营收和获利的事，并检查箱子上面印的供应商名称；凌晨4点起床帮烘焙师的忙，认识机器设备与材料，了解可能出现的问题。一个星期后，他被晋升为收银员，结果他婉拒了领导的提拔，因为他觉得困在收银机后面什么也学不到。

有人觉得收银比打杂舒服、体面，但有远见的哈维·埃克认为，舍掉面子才能学到实实在在的东西。

李嘉诚说："当你放下面子赚钱的时候，说明你已经懂事了。当你还停留在那里喝酒、吹牛，啥也不懂还装懂，只爱所谓的面子的时候，说明你这辈子也就这样了。"

上升通道很窄，机会稍纵即逝，你如果特别纠结面子，只会把通道堵死。

04

1. 面子观越强，越容易束人束己

下属没听从领导的劝酒，领导感到没面子；孩子没听从父母的安排，父母感到没面子；亲戚没提供期望的帮助，自己感到没面子。

当你懂得尊重别人的主观感受和自由意志，不随意评判或要求别人时，你也会得到同样的对待。不再拿着"面子"进行表演，对人对己都是解脱。

2.面子观越强，越会自我折磨

香港才子倪匡曾说：“在路上，常见有人跌了一跤，路人匆匆而过，至多投以一瞥而已，谁会在意？跌倒的人却把它当作一件大事，仿佛全世界都记得他曾在路上跌过一跤。绝大多数人，自己认为没有面子至极、不知如何下台才好的事，在别人看来，根本不是什么严重的事。”

所以，不妨钝感一点，自嘲一下，别“咄咄逼己”，别人也很忙，你这样在内心自导自演，别人也没空看。

3.面子观越强，越伤害家人

感情里，有人为了要面子有话不说，口是心非，拒不认错。

亲子间，意识到自己有错，却用家长的权威淡化是非，疏远彼此。

愿意在吵架后先道歉的人，很多时候不是自己真的错了，而是珍惜这段关系。

面子为了家人、亲人和爱人而丢，丢得其所。

4.面子观越强，越容易错失梦想

高晓松大学时热爱音乐，想组乐队，问家里要钱。他母亲说：“打个赌，我把你送到外地，你一分钱都不带，就带着吉他，能坚持一个礼拜，就资助你组乐队。”

于是高晓松去了天津，找了家零食店，借了个冰棍盒子，用圆珠笔写上"讨饭"，坐在路边又弹又唱，晚上枕着吉他睡在火车站。

后来，他去大学研究生楼前唱歌，结果被校卫队抓住，最后还是他表哥去天津把他接回了家。家里人没有资助他，他又找同学借钱，这才组建了乐队。

如果你热爱一件事，却连面子都放不下，那还算什么热爱。总之，面子观是一种虚拟溶剂，它会把你的热情、感情、心情统统稀释，甚至溶解。

当拧巴、纠结、玻璃心时，你可以默念《一代宗师》的台词：人活在世上，有的活成了面子，有的活成了里子，而只有里子，才能赢得真正的面子。

要不要辞职考研、读博

01

前几年，好友研究生毕业。想当年我俩在工作中结识，后来发展成好朋友。那时她在做外贸跟单，每年去美国、法国、日本等国家参展，经常给我带来各国美食。我曾一度羡慕她满世界跑。

几年前的某天，她说想辞职考研，觉得自己所从事的行业发展前景不好，公司平台也有限，人生迷茫之际，她想用考研来实现人生突围。她不顾亲友的反对，过上了白天上班、晚上备考的生活，彻底从社交场合中消失，每晚听着英语入睡，让自己变成了自学战车。

后来，她如愿考上了想去的学校，还获得了二等奖学金。为她庆祝考研成功的那天，在我们的举杯祝福声中，她说，"辞职考研值不值"这个问题，毕业后才有答案。自此以后，我心里一直很惦记她：工作了三年又转去读研的姑娘，你现在过得怎么样？

后来我再次见到她时，她的身材又紧致了些，精神状态特别好。她给我看她的毕业照片，跟我聊她的硕士论文答辩，讲起与研究生室友姐妹相称的快乐日子，每节课她都争坐教室前排的位置，学校操场是天底下最棒的健身场所。她笃定地说，辞职读研很值。

以前上班时她赚多少花多少，读研期间，奖学金覆盖了她的生活费和学费；毕业以后，她新找的工作单位和职位比以前好很多，她觉得什么也没耽误。最关键的是，读研期间她过得纯粹而美好。

02

我的一位女读者曾给我讲过她的故事。她大学毕业后在航空公司工作，一来受够了国企的复杂人际关系，二来不想过一眼看得到头的生活，于是想出国留学。

她学的是物流专业，觉得荷兰是理想的留学地，因为荷兰英文普及率高，学费也还能承受。而父母希望她工作稳定。最后，她不顾父母的反对，找中介咨询留学信息，考雅思和GMAT（经企管理研究生入学考试），准备简历和留学动机信，终于在2015年5月收到了录取通知书。

她说："到荷兰留学是我至今做得最正确的选择，虽然不适应当地的食物、狂风和不靠谱的火车，但超爱荷兰的开放、自由和平等。"她给我展示了一个周末"切片"，周五下班从阿姆斯特丹飞到意大利的佛罗伦萨，周末去美术学院的博物馆瞻仰"大卫"

真品。

她听说米开朗琪罗从一块石头里看到了大卫，然后把多余的石料去除，大卫就自然而然地呈现出来了。她感慨人生也一样，不管是精神还是肉体，都有太多累赘，怎样把外界的纷扰、自己的杂念去除，变成更独立、更自信的人，也需要一个不断雕塑的过程。

她冒着家人强烈的不理解和不支持，辞职，考研，出国，去见世面，去过自己想过的生活，她真的很勇敢。

03

一个周末，我参加了"潇洒姐"王潇在大连的签售会。一位女读者在提问环节中问道："我大学本科毕业五年了，觉得生活迷茫，读研这条路好不好？"潇洒姐在大学本科毕业后做过主播，也做过白领，工作几年后又读了研究生。

再次回顾读研的经历，潇洒姐觉得在社会上工作过一段时间后，会更明白读研期间学什么、做什么，更有的放矢。她读研二时，积累客户资源，找人合作，已经有了创业项目的雏形。

潇洒姐以前就欣赏艺术人士，读研学的是艺术设计新媒体专业。很多研究生同学都是她曾经特别想接触的人，有艺术特长，有设计天赋，她与之为伍，近距离地相处和取经是人生一大快事。

在潇洒姐看来，持续学习很重要，网上很多名校学习资源，未必需要专门辞职考研，这得结合自己的经济状况和目标来看。而考研这条路到底好不好走，只有试过才知道。

04

曹颋在《像世界一样宽广地活》一书中，写了她辞职考研留学的经历。已是两个孩子的妈妈的她，曾做过新闻媒体人，辞职后与丈夫创业并将公司做到上市，却在30岁那年打破舒适圈——带着两个孩子和她的妈妈去了美国哥伦比亚大学攻读社会工作硕士研究生。

许多人好奇，为什么30岁了，事业有成，有了孩子，却把丈夫留在国内，自己去读书？有人猜测，她是为了拿世界名校的学位，也是为了让自己的孩子过语言关。但曹颋认为，在舒适区和恐慌区之间是学习区，而教育显然是自己最明智的投资。

常春藤的名号并不能让她套现多少。她也没指望能以此募集资金、跨越阶层，获得更高的收入和更好的人脉。她感觉最棒的是，自己在哥伦比亚大学"得到了生命中最有价值的体验，打开了无限的思考空间"。

留学的那两年，她付出了很多代价，学费、脱发、缺觉、搬家，但同样也收获了很多，比如在联合国开发计划署的实习经验，让她感受到了异国的成人和儿童教育。

她不想为了守住眼前的一寸空间而放弃身后的广阔天地。她不停地学习，让自己的世界变得日益广阔。

05

读完范海涛的《就要一场绚丽突围——30岁后去留学》后，知道她在写出一本畅销百万册的名人传记后，居然没有趁热打铁写第二、第三本，而是跑去读哥伦比亚大学的口述历史的研究生，毕业后还在美国做了一段时间的记者。

当时处在人生瓶颈期的范海涛，选择去美国读研的一个重要刺激是，在写《世界因你不同：李开复自传》时，她面对李开复这样一位科技精英，或身边常春藤学校的同龄人，觉得他们"拥有自己的理解力到达不了的高度"，于是下定决心，在工作之余准备留学考试。

到了纽约后，她过上了一种凡事靠自己的生活。在美国课堂中学习，在多元世界中成长，在文化碰撞中感悟。

投资人徐小平说："在这个社会，人们真的已经不需要一个虚妄的文凭来证明自己。"出国留学对范海涛来说，不是一个稍纵即逝的机会，而是一个随时可得的储备。留学还是事业，答案当然是事业，因为留学的大门永远敞开，而事业的窗口则是千载难逢。徐小平曾劝过范海涛可以抱着孩子，领着保姆，坐着飞机去留学，现在她可以把自己最喜欢的事情做到极致。

每个人看待问题的角度不同，在范海涛书中苦乐参半的字里行间，印证了她那句"我的体验看似勇往直前，但是其实这个过程中满布荆棘、步步为营。我得到了不少，也失去了很多，我清楚地知道里面的机会成本到底有多大"。

有时候放下职场积累去读研、读博，没有值不值得，只有愿不愿意。

06

五个故事讲完了，看着那些工作几年再选择考研的姑娘，有人出于逃离现实困境，有人想要走出舒适区，有人被牛人刺激到，有人想要更上一层楼。

还有一些我认识的朋友，我妈同事的儿子觉得公司同事学历都很高，于是去香港读了一年的研究生；朋友圈里有个男生在剑桥申博被拒，先工作着，准备下次再申博。

目之所及，我没有看到工作几年后再去读研、读博的人混得不好，其实未必是读研、读博有多好，而是那种面对困局积极突围的魄力，那种懂得取舍、敢于执行的坚持，大大降低了"混得差"的可能性。

我这几年也会偶尔冒出"要不要停下来去国外读个研究生"的想法，我也问过我老公，会不会有一天我们一起出国留学，而他给出的答案是开放性的。

我在看曹颖的书时，最为心驰神往的是，事业有了阶段性的成绩，带上家人和孩子，考上想去的国度和学校，去解锁、体验另一种生活方式。

但正如曹顿所说："哥伦比亚大学的一张硕士文凭约要价十万美元，像我这样带着妈妈和孩子去的，花费就更多了。"

范海涛说，把患有慢性病的妈妈留给姐姐照顾，自己去追逐梦想，心中有愧疚感。但对我来说，事业窗口、家人羁绊都是很难过的关卡。

工作了，要不要停下来读研、读博，取决于个人的内心意愿、经济状况、家庭情况和行业处境。我只想说，时间是分岔的，你选了一条路，永远不会知道没选的那条路上有什么风景。认清再选，选后无悔，这是我的建议。

职场焦虑不是你辞职就能解决的

01

我的一个表妹，前年考上了国家公务员，入职才一个多月，就在微信上找我诉苦。她说，她暂时被分到了综合科，工作要么是从收发室拿报刊分发给各科，要么就是打电话通知企业代表来参会，大部分工作内容都缺乏技术含量，这让硕士学历的表妹焦虑得想辞职。

我也不知道如何开导她，毕竟这份工作适不适合她只有她自己知道，但我也明白，不少工作入门时都需要从基础的杂事做起。我想起自己毕业后为了学习业务流程，也没少帮着部门前辈复印资料或跑腿，和我同期进入公司的人力资源部门的同事，那段时间几乎复印了整个公司员工的身份证。后来随着个人能力成长，我们才逐渐接近核心业务，到后来独当一面。

谁的职场没有出过么蛾子，遇到问题就拿辞职来解决焦虑，我觉得很不成熟。不仅是我表妹，这个月我收到的私信里，有很多条都是读者在吐槽职场里的不爽。一个护士，因人际关系的压力，觉得上班比上坟还难受；一个新员工因被上司骂了几句，委屈得连饭都吃不下；一个女白领因"小人"同事升成主管而倍感闹心。他们的私信中，都有"大不了不干了"的伏笔。

我的想法是，一个人在没有搞清自己的职场定位和诉求前，你的职场焦虑不是辞职就能解决的。

02

我毕业后的第一份工作是做海外销售，小丁与我同期入职并在同一部门，她的工位在我隔壁的格子间，我俩的朋友关系一直延续至今。

当时试用期压力大，一个月后小丁还没出单，她怕不能胜任这份工作，于是主动提出了辞职，巧的是，她的下一份工作也是在这栋写字楼的一家台资公司。有时中午11楼的我会和8楼的她一起吃午饭。过了个把月，她又跟我说公司资源有限，客户开发模式单一，很难出单，又想辞职。那天，我很严肃地劝她说，如果真打算做这一行，至少先做成几单再走。

我的话她听进去了，后来，她在台资企业做了一年半后才辞职，她的业绩在公司数一数二，临走时，公司追加条件挽留她，为此，她去和大公司谈待遇时也底气十足。

后来，她跟我说，第一次辞职时，她的内心是逃避的，对自己的能力缺乏信心，对自己的前途充满怀疑，但第二次辞职时，她的心里是很坦荡的，她知道自己是为了更好的发展机会另择平台，而不是在这里混不下去才要逃到其他地方去。

职场上，辞职并不是困境消消乐，而要从自己身上找问题，是不是心态过于浮躁？是不是业务不熟？是不是情商不足？这比任性辞职更能解决问题。

03

当你对职场中的人际关系感到困惑时，你不妨使用"门德罗矩阵"来评估利益相关者，横轴代表利益，纵轴代表权力，用该坐标系把职场利益相关者全部包含进来。

第一象限是权力大、利益大的人，他们很可能是你的直属上司，你要选用随时听令的策略。

第二象限是权力大、利益小的人，他们很可能是公司的大领导，你需要适当留意。

第三象限是权力小、利益也小的人，对于这类无关紧要的人，最佳策略是不管、不惹。

第四象限是权力小、利益大的人，他们很可能是"八卦者"，要选用保持沟通的策略。

我觉得有些辞职理由比较靠谱、比较理性，比如：那个公司正在研究的项目我很感兴趣；现在这个行业日渐没落是大势所趋；自己个人发展意向与公司发展规划相矛盾；猎头推荐的职位对我的职业生涯更有利……

但有些朋友因为办公室政治难搞，与领导不对付就想走人，与同事合不来就想辞职。此时我会劝他们，要不要用"门德罗矩阵"评估一下再做决定？

04

同公司另外一个女同事多丽丝，辞了一个高质量的职。

多丽丝业绩处于顶尖水平，她负责中东市场，英语专业八级，口语十分流利，商务礼仪得体，客户开发有方。我刚进公司时就听说她完成了一笔业务，奖金提成30万元，当时我视她为偶像。

我们这批新人上手以后，我听说多丽丝要辞职，她答应老板再留两个月，负责业务交接和员工培训。由于我和多丽丝住得近，在同一个车站等车，邂逅机会多，于是有一天我问她去哪儿高就。她告诉我，她的目标是创业。离职后，她去了一家小型创业公司工作了半年，带着组织构架、管理模式、薪资设置等切实问题先去实地学习，希望自己的创业之路能少走弯路。

我问她直接创业会不会更占先机。她又跟我解释，她理解的行业趋势是稳中缓升，她在现公司学会了如何开发和维护客户，但由于现公司规模成熟，为了弄懂小公司的灵活运作，她觉得花半年时间去学习很有必要。

我听了之后，心里更加佩服这位目标明确、步骤清晰、执行力强的偶像。她在辞职方面还有几点做得令人称道：尽心尽力、不藏私地培训公司员工，创业后，也没有带走客户资源。

多丽丝和老板的关系非常好，两人甚至还互相介绍生意。我一直觉得多丽丝辞职辞得很有水平，因为她既实现了自己的职业生涯跃迁，又在行业内留下了好口碑。

总之，愿你在递交辞职申请书前，是经过了理性而冷静的思考，而不是自认为快刀斩乱麻地逃避，因为很多职场焦虑不是你靠辞职就能解决的。

活成升级版的自己，你还差"微精通"

日常逛书店，《微精通》这个书名击中了我。

所谓微精通，就是快速掌握一门或大或小的技能，让人更加适应飞速运转的信息流社会。作者罗伯特·特威格尔是微精通实践家，如何写出一手漂亮的字，怎样手工鲜酿啤酒，怎么讲出一个迷得住孩子的故事……他对感兴趣的任何技能，都能摸索出一套短、平、快的微精通体系。

他先找到入门技巧，然后突破关键难点，再利用辅助支持，不断发现乐趣，挖掘技能潜力。通过读他写的书，我觉得他是个对生活不打马虎眼的人。他对不擅长或容易被忽视的领域，怀着蓬勃的好奇心，从入门研习到微精通。

耳熟能详的"一万小时定律"说，一万小时的锤炼是任何人从平凡演变成世界级大师的必要条件。但现在不是车马很慢的时代，人生没有足够多的一万小时，我们被日新月异的科技和变化裹挟着往前走。就算能把一万小时统统投在自己的专业领域，你若想抢占风口领域，想成为斜杠青年，想发展兴趣爱好，仍需要"微精通"。

01

马东在《职场B计划》里说："你学'如何用手机拍照'，看似跟本职工作无关，但你的付出终将使你技高一筹。在公司活动或团建时，同事想起你的特长，说你'拍得专业'，这是你职场名片的一部分。"

这话让我想到我的前领导，他是公司打破最短晋升年限的人。他在专业领域上叫精通，除此之外的领域叫微精通。

他是"百晓生"，同事打公积金热线都没弄明白的问题，他三言两语就讲得透彻明白；他是带货王，他家装修时买的建材及品牌，同时装修的同事也用跟他一样的；他是副教练，儿子在当地少儿足球俱乐部踢球，他也成为集足球知识、体能训练、少儿心理、课业辅导于一身的生活教练。

他总能把经手的每件事都做到微精通，在家人、同事和领导眼中，他是个极为靠谱的人。

02

文案天后李欣频说："旅行千万不要沦为走马观花，最好参加专家导览的主题之旅。"她参加过建筑师带团的"北欧+西班牙建筑之旅"，艺术家导览的"德国文献展+意大利威尼斯双年展"，大学中文系教授导览的"日本京都赏樱之旅"，佛教艺术专家带团的"印度菩提伽耶圣地之旅"，玛雅文明专家陪同的"墨西哥金字塔之旅"，声疗师带团的"日本屋久岛灵性之旅"……

让自己用专业导游的视野去看世界，几趟旅行回来，就具备了好几项"半专业"的身份：建筑爱好者、文学鉴赏家、古迹古物历史学家、音乐鉴赏家、摄影师、天文学家……

李欣频作为一个微精通专家，通过半专业化的旅行，繁衍出多重身份和看问题的视角，不仅丰富了自己的感知，也丰富了自己的人生。

03

我经常付费听课，但不那么看重嘉宾的学历和资质。如果嘉宾发现痛点，花心思研究，分享出干货，这类课实操性强，能帮我少走弯路。

我曾上过搜索课，嘉宾善用高级搜索指令，比如限定文件类型：关键词+文件类型+文件格式名；限定时间范围：关键词+起始年份+两个英文句号+截至年份；用"－"来过滤广告。还上过印象笔记课，嘉宾把这个软件用出了层次感和体系感；为了分类和编码，连杜威十进制这种知识点都不放过，做了上万条笔记，还为印象笔记CEO做了演讲。

我喜欢他们的内容分享，更喜欢他们的人生态度，没有"搜索"

或"笔记"这个职业，但他们把搜索和做笔记当成微精通的专业去钻研、去沉淀，而那些分享对别人有价值内容的人，本身就自带价值。

04

据迈克尔·墨山尼奇博士研究：大脑塑造是一个物理过程，灰质能变厚或缩小，相应的神经连接可以得到增强或削弱。我们学新舞步时，负责指挥身体的新连接已形成；忘记别人的名字时，负责记忆的连接会退化甚至损坏。

我老公的姥姥，如今80多岁了，还在研究哪个牌子的遮瑕膏能盖住手上的老年斑，每天清晨戴着眼镜摘抄书中佳句，组织老年朋友去旅行，并且担任讲解员。微信面对面建群这个功能，我是在饭桌上第一次听姥姥说的。她看上去比实际年龄至少年轻20多岁。

05

由于写作的关系，我培养兴趣、挖掘技能的频率大大提高，并且早已开启微精通的生活。

我目前的成就感之一，是别人的"误以为"。有一次我写了篇景甜性格好的文章，她的经纪团队辗转联系到我，"误以为"我是娱评人。读者希望我多分享如何做思维导图、做读书笔记、挑书、买书，"误以为"我是个学霸。

其实我既不是娱评人，也不是学霸，我只是不喜欢不求甚解、稀里糊涂的生活。在我的工作之外，我热衷尝试各种"微精通"。

各领域专业人士的经验确实值得借鉴，但我这种普罗大众的微精通之道也有些参考价值。

1. 降低微精通的入门门槛

先列一个微精通清单，然后找一些有趣的帖子或视频来做入门指导，构建出这个技能"好玩又不难"的第一印象。

我画画很差劲，以前读高中时在生物课画细胞图，丑到细胞都想张嘴骂我。一位画家说，任何物体都可以分解成简单的形状，"你能画一条线，你就能画画"，这句话让我这种没天赋的人都有点跃跃欲试。

我觉得我大学期间自学Flash、PS等技能未遂，就是因为入门困难。图书馆的大部头往往语言严肃，内容枯燥，从菜单栏讲起，让我翻不到十页就停下了。

以我对自己的了解，我适合那种"看到别人用了很炫的功能，就去搜索如何实现"的模式，久而久之，就解锁了各种快捷键和隐藏功能。

对于微精通来说，上来就一万小时、这概述、那通史的，非常反人性。万事开头难，给自己降低开头的难度很重要。看看有意思的短视频，或者一些有趣又不炫技的科普知识，都是很好的入门捷径。

2. 持续深挖学习

我觉得"微精通"可以分为三个方面：看书、找人和购置设备。

看书，进行主题式阅读。高晓松的外公在当年下乡养猪时，就找了一本养猪方面的专业书看。

找人，尽量找能接触到的内行人。你找不到也没关系，互联网里有大把的资料。通过与其他人交流或学习付费课程，你也能迅速、有效地深潜到这个领域。

购置设备。你喜欢手账，就买些好用又好看的本子和文具；你喜欢滑板，就买一个相对安全的滑板，在经济能力范围内买好一点的工具能给你更好的体验感。

3. 注重反馈和输出

大学寝室里有个女生学习用Flash画漫画，寝室成员夸；配上色彩，寝室成员夸；画面一帧一帧动起来，寝室成员夸，一次比一次夸得递进。别人的夸奖和鼓励，更有助于她的持续精进。

输出，能让你的微精通事半功倍。通过才艺展示，在网络上发表经验帖，帮助身边的人，参加辩论队准备观点，这些输出会让你更容易走上微精通的螺旋上升之路。

每个人离升级版的自己都差一个"微精通"。这个世界正在奖励"微精通"的人，你想不想也被奖励一下？

把事情做到极致，是升职加薪的最好方式

01

我身边有一类人，被我归为"积极的穷人"。他们爱给自己喊口号，空有一颗想赚钱的心，却吃不了赚钱的苦；心态积极向上，行动却拖延成性；在间歇性享乐后恐慌，又为自己的懒惰自责。

他们在看到《女人赚钱有多重要》《没事你就多赚点钱吧》《多赚点钱，因为活着很贵》等文章时，就会积极转发还附带三个加油的表情包。可是他们的激情来得快，去得也快，下单买几本专业书，报了几节职场课，工作方面又开始得过且过，纠结于"同事做得少，我多做多错""这事没人管，随便做做样子""改了好几遍，简直不想做了"。

在我看来，赚钱多的人，他们有的赶上了红利，有的创业模式很新奇，有的会撬动资源，有的以兴趣起家，有的把工作做到了极致……

今天，我想详细说说"把工作做到极致"，因为我觉得这一点比较普世。我就用身边两位女性代表的亲身经验来举例，一位在四年内从月薪3000元逆袭到年薪百万元，另一位四年内在深圳买了两套房。

来，我们一起看看这两个自带鸡血和方法论的典型案例吧。

02

近年来，由于业余写作的关系，我结识了一位知名畅销书策划人。她经过短短四年就从月薪3000元的实习编辑，成了年薪百万元的知名图书策划人，连续四年涨薪超过200％。她的薪资曲线，不，是薪资直线让我羡慕，于是我斗胆向她取经。她说："把事情做到极致。"

当时她还是新手编辑，为了签下一位知名作家，在别家出版社出价更高的情况下，她果断买了作者所在地的火车票，直奔过去找作者面谈，晓之以理，动之以情地说服作者，把未来几本书都签给她。

有段时间，她觉得女性励志书籍很有市场。为了让某位作者认可她，她通过节食和运动，使体重减轻了15千克，最终以更好的职场形象赢得了那位作者的信赖。

她每做一本畅销书，就把同类书籍在电商平台上的上万条书评都归纳提炼，书籍封面有时会改上百次，直到达到自己想要的效果。

有些人就是这样，只是听她随便轻描淡写地说几句，就能脑补出她私底下做了多少功课。关于作者心理、对手动态、读者需求、市场趋势，她都门儿清。她能经常策划出爆款图书，肯定不是偶然。

03

在我的第一份工作中，有一次，某印度组重要员工离职时要带走客户资源，还跟客户说了对公司不利的话。已经怀孕三个月的主管争分夺秒地挽留客户，她除了负责中东组的大客户，还得分身处理离职员工留下的摊子。恰巧那几天印度大客户在深圳出差，第二天要回国，主管下班后带着我这个印巴组的新人去面谈。

那晚我算开眼界了，主管有条不紊地准备完资料后，带我到客户下榻的宾馆，一路上还在不停地查邮件和打电话。见面后，印度客户愠怒地指责与我们公司合作多年，我们公司却在价格上杀熟。我心里着急，觉得主管除了说这是前同事的一面之词，以及给客户更低的价格这两张牌，就没其他牌了。没想到主管边操着一口印度口音的英语解释边拿出材料，某次成本上涨，我们公司贴钱交付，还说作为他们信得过的合作伙伴，有义务节省客户的时间和精力。此后，该印度客户对我们公司更加信任了。

那次，我目睹了她在高压博弈中有理有据的表现后，没事就观察她，发现她经手的任何环节，都能把事情做到极致。前两年她做印巴市场时，专门学了印度口音，后来转做中东市场，口音又有点中东味道。她对产品参数和特性了如指掌，对目标市场地区的消费者的宗教、心理都有很深的研究。她把自己的垂直领域钻研得又精又透。

主管大我四岁，从门外汉到业务精也就四年。听同事说，她已经在深圳罗湖区买了两套房，其中一套在国贸附近，目的是方便她来公司加班和回家休息。

04

这两个人是我在职场中的偶像。从她们身上，我学到了一点，把事情做到极致是升职、加薪的最好方式。我看到她们不知疲倦地深挖自己所从事的领域，几万条的顾客评论一条不落，一个封面做几百次尝试，开发一个国家的市场就努力吃透这个国家的民俗、文化。就算局势不顺，她们也决不服输。

公司和老板没有要求她们这么做，但她们却能在一个浮躁的时代静下心来，把工作做得如此细致。这样的人终究是少数，占比更多的人是"积极的穷人"，他们羡慕别人拿着高收入，但自己在工作中往往静不下心来把工作中的准备功课做到位，最后连最起码的做好手头上的事情都成问题。

－ 后 记 －

《当你又忙又美，何惧患得患失》出版后，有几个读者特地来找我确认，说把书翻到最后一页感觉突然就结束了，读得意犹未尽。还有读者觉得结束得太突然，没有心理准备，甚至怀疑自己的书最后几页是不是丢了。

于是，我在备忘录里写下：下本书一定要写后记。

今天终于有幸写第三本书《当你自律自控，才能又飒又爽》的后记。

我看过很多后记，都有感谢环节，比如谢谢家人、朋友等。不过，我还是觉得，肉麻的话我们留着私底下面对面说吧。

首先，感谢我的编辑团队。我一直觉得，每出一本书，就像生了一个孩子，长时间思想上的孕育，在团队的助力下，终于有了一本实体书。写作可能是一个人的事，但成书肯定是一群人的事。感谢在不同岗位、不同环节参与我出书的朋友们，这本书凝结了大家的付出。

其次，感谢我的读者朋友们。回忆这几年的写作之路，刚开始我是个呛口小辣椒，动不动就对明星八卦、热点时事来顿辛辣讽刺或"指点江山"。直到我写了自己早起的经历，很多读者尝试早起后，来找我交流早起的难点和收获，我才第一次发现自己写作的价值。

后来，我越来越喜欢自律的生活，越来越爱写有关自律的文章，这些年也获益匪浅。我一直写作，认识更广阔的世界，结识更多的朋友；一直早起，通过看书和写作，活出一个精彩的自己；一直锻炼，33岁生孩子也没想象中那么艰难；一直改善，报名上形体课去纠正体态，每天练习朗读，希望能有更标准的普通话，做好我的读书会；一直探索，每年让自己学习新东西，尝试新事物……

与此同时，一些读者也会不定期地向我报喜，比如考上了理想学校的研究生，兼职赚到了一笔小钱，失恋后健身练出了肌肉，离开了"耗人耗己"的婚姻……

我变成了越来越好的自己，读者可能也因为我的一点点影响，变成了越来越好的自己。谢谢你们的见证，从我恋爱，到结婚，到生子；谢谢你们的支持，从《你来人间一趟，你要发光发亮》到《当你又忙又美，何惧患得患失》，再到《当你自律自控，才能又飒又爽》。

我们都要发光发亮、又忙又美、又飒又爽。下一本书，我们再见。